Suriyamurthy Anupriya
Kannan Elangovan
Kanagaraj Srinivasan

Polissacárido extracelular de phyllosticta sp e seus bioensaios

AF664932

Suriyamurthy Anupriya
Kannan Elangovan
Kanagaraj Srinivasan

Polissacárido extracelular de phyllosticta sp e seus bioensaios

ScienciaScripts

Imprint

Any brand names and product names mentioned in this book are subject to trademark, brand or patent protection and are trademarks or registered trademarks of their respective holders. The use of brand names, product names, common names, trade names, product descriptions etc. even without a particular marking in this work is in no way to be construed to mean that such names may be regarded as unrestricted in respect of trademark and brand protection legislation and could thus be used by anyone.

Cover image: www.ingimage.com

This book is a translation from the original published under ISBN 978-3-659-88865-6.

Publisher:
Sciencia Scripts
is a trademark of
Dodo Books Indian Ocean Ltd. and OmniScriptum S.R.L publishing group

120 High Road, East Finchley, London, N2 9ED, United Kingdom
Str. Armeneasca 28/1, office 1, Chisinau MD-2012, Republic of Moldova, Europe
Managing Directors: Ieva Konstantinova, Victoria Ursu
info@omniscriptum.com

Printed at: see last page
ISBN: 978-620-8-56064-5

Copyright © Suriyamurthy Anupriya, Kannan Elangovan, Kanagaraj Srinivasan
Copyright © 2025 Dodo Books Indian Ocean Ltd. and OmniScriptum S.R.L publishing group

ÍNDICE DE CONTEÚDOS

1. INTRODUÇÃO

No século XXI, a utilização de recursos naturais na indústria alimentar e medicinal tornou-se uma fronteira internacional devido à sua baixa toxicidade e elevada especificidade para ativar o sistema imunitário do organismo. Os celomicetos são os fungos que têm sido utilizados como medicamentos desde há muito tempo, e também são fármacos nos séculos orientais. Os constituintes mais activos dos fungos são os polissacáridos, que foram encontrados para reforçar o sistema imunitário humano, mostrando actividades anticancerígenas e antivirais.

Os polissacáridos de origem biológica têm sido amplamente estudados devido à sua vasta gama de aplicações em vários domínios, incluindo a indústria alimentar, farmacêutica e cosmética. Atualmente, os polissacáridos utilizados a nível industrial são quase exclusivamente de origem vegetal e de algas marinhas. No entanto, os microrganismos são conhecidos pela sua capacidade de sintetizar exopolissacáridos (EPS), tanto homo-polímeros como hetero-polímeros com diferentes complexidades estruturais. Os polissacáridos microbianos têm várias aplicações, tais como agentes gelificantes, agentes imunoestimulantes, agentes antitumorais ou apresentam actividades hipoglicémicas. Já foram registados vários tipos de polissacáridos, como mananos, glucanos, glucomananos, glactomananos e fosfomananos. Estes polissacáridos podem representar uma alternativa válida aos produtos vegetais e as suas propriedades são quase idênticas às das gomas atualmente utilizadas. Entre os polissacáridos microbianos, os de origem bacteriana estão bem estudados.

Nos últimos anos, os cientistas têm-se interessado pelos polissacáridos de origem fúngica devido à sua grande variedade. A maioria dos trabalhos de investigação realizados centrou-se nos polissacáridos intracelulares. Apenas alguns fungos foram utilizados para produzir EPS, tais como *Paecilomyces japonica, Cordyceps militaris* e *Auricularia polytricha.* Alguns investigadores salientaram que o meio de cultura e as condições ambientais afectam a produção e as caraterísticas físico-químicas do EPS.

Os celomicetos são um grupo de fungos imperfeitos ou deutromicetos, com conídios em estruturas especializadas como acérvulos, picnídios ou estroma. O termo "Coelomycetes" foi cunhado pela primeira vez por Groove (1919). A classe Coelomycetes tem cerca de 650 géneros e 8000 espécies. Os celomicetos são sapróbios na natureza, encontrados em solos cultiváveis e não cultiváveis, folhagem e outros detritos orgânicos de fontes naturais e manufacturadas, água salgada e doce, outros fungos, líquenes como parasitas destrutivos de plantas, vertebrados e insectos (Mehrotra & Aneja, 1998).

Srinivasan. K e Muthumary. J (2010), relataram que *Pestalotiopsis funerea* foi registada em cultura, como a forma endofítica mais comum e frequentemente isolada dos materiais vegetais hospedeiros. As colónias cresceram bem em PDA e foram obtidas boas esporulações em cerca de 8-12 dias de incubação. Os fungos endofíticos isolados foram identificados com as caraterísticas salientes da morfologia da cultura, caracteres conidiais e análise molecular.

As espécies de celomicetos pertencentes ao género *Phyllosticta* são conhecidas por produzirem metabolitos bioactivos, incluindo fitotoxinas não hospedeiras, por exemplo, filosinol, brefeldina e toxina isolada por culturas de *Phyllosticta sp., P. maydis e P. medicaginis*, respetivamente. Este facto levou-nos a investigar a produção de toxinas por *P. cirsii*. A partir da cultura líquida do fungo, a filostictina A foi purificada e caracterizada quimicamente como uma nova oxazatricicloalkenona. Esta toxina, isolada juntamente com outros 3 metabolitos relacionados (denominados filostictinas B-D), em bioensaios preliminares mostrou propriedades biológicas interessantes.

Os polissacáridos representam uma classe estruturalmente diversa de macromoléculas de ocorrência relativamente generalizada na natureza. Contêm caraterísticas estruturais repetitivas, que são polímeros de resíduos de monossacáridos unidos entre si por ligações glicosídicas, tais como (1-3), (1-6)-e-glucanos e verdadeiros heteroglicanos, enquanto outros se ligam principalmente a resíduos de proteínas como complexos polissacárido-proteína.

Devido à sua variabilidade estrutural, os polissacáridos oferecem a maior capacidade de transporte de informação biológica. Ao contrário do ácido nucleico e do aminoácido, o polissacárido pode interligar-se em vários pontos para formar uma grande variedade de estruturas ramificadas ou lineares (Sharon, N., 1993). O primeiro polissacárido com atividade antitumoral foi isolado em 1943 da bactéria *Serratia marcescence*, conhecido como polissacárido de cisalhamento (Whistler et al., 1976).

B-D-glucanos

O B-D-glucano básico é uma estrutura repetitiva com as unidades de D-glucose unidas em cadeias lineares por ligações beta (B). Estas podem estender-se do carbono 1 de um anel sacarídeo ao carbono 3 do seguinte (B1-3), do carbono 1 ao carbono 4 (B1-4) ou do carbono 1 ao carbono 6 (B1-6). A maior parte das vezes, a cadeia principal é B1-3, B1-4 ou uma mistura de B1-3, B1-4 com cadeias laterais B1-6. A estrutura básica de repetição de um glucano B1-3 com cadeias laterais B1-6. Os níveis de atividade anticancerígena estão relacionados com o seu peso molecular, ramificação e solubilidade em água. O estudo das suas estruturas estéricas por análises de RMN e difracções de raios X esclareceu que o B-D-glucano ativo apresenta uma estrutura de hélice de enrolamento direito tripla (Bluhm e Sarco, 1977). Nem todos os B-2 D-glucanos contidos nos fungos apresentam atividade antitumoral. A extensão da ocorrência desta atividade parece ser influenciada pela solubilidade em água, pelo tamanho das moléculas e pelo sistema de ligação e-(1-6) na cadeia principal B-(1-3). Alguns dos B-glucanos insolúveis em água são solúveis em álcalis diluídos e podem então apresentar uma atividade antitumoral marcada (Bohn e BeMillar, 1995).

Entre os constituintes bioactivos de *A. mellea*, o polissacárido é especialmente importante pelo seu potencial imunoterapêutico contra tumores (Shamtsyan et al. 2004; Li et al. 2005; Moradali et al. 2007). Até agora, as culturas submersas têm sido amplamente utilizadas na produção de polissacáridos de vários cogumelos comestíveis e medicinais, especialmente no que diz respeito a factores ambientais e condições nutricionais na produção de EPS de cogumelos (Kim et al. 2002; Hwang et al. 2003; Yang et al. 2003; Cho et al. 2006; Lin e Sung 2006; Pokhrel e Ohga 2007; Huang e Liu 2008).

Metodologia de superfície de resposta

A Metodologia de Superfície de Resposta (RSM) é um conjunto de técnicas estatísticas e matemáticas úteis para desenvolver, melhorar e otimizar processos. As aplicações mais extensas da RSM são as situações particulares em que diversas variáveis de entrada influenciam potencialmente alguma medida de desempenho ou caraterística de qualidade do processo. Assim, a medida de desempenho ou caraterística de qualidade é chamada de resposta. As variáveis de entrada são por vezes chamadas variáveis independentes e estão sujeitas ao controlo do cientista ou engenheiro. O domínio da metodologia da superfície de resposta consiste na estratégia experimental para explorar o espaço do processo ou das variáveis independentes, na modelização estatística empírica para desenvolver uma relação de aproximação adequada entre o rendimento e as variáveis do processo e nos métodos de otimização para encontrar os valores das variáveis do processo que produzem valores desejáveis da resposta.

A Metodologia da Superfície de Resposta (RSM) é um conjunto de técnicas matemáticas e estatísticas para conceber experiências, construir modelos, avaliar os efeitos dos factores e procurar a condição óptima dos factores para obter respostas desejáveis (Box et al., 1978). O processo de otimização desta metodologia envolve o estudo da resposta das combinações estatisticamente concebidas, a estimativa dos coeficientes através do seu ajustamento a um modelo matemático que se adapte às melhores condições experimentais, a previsão da resposta do modelo ajustado e a verificação da adequação do modo. Os desenhos mais comuns, ou seja, o desenho composto central (CCD) e o desenho Box-Behnken (BBD), da metodologia da superfície de resposta principal têm sido amplamente utilizados em várias experiências (Box et al., 1978; Dean e Voss, 1999). O Box-Behnken, um desenho esférico e rotativo, tem sido aplicado na otimização de processos químicos e físicos (Oscar et al., 1999; Qiu e Chen, 1999; Muthukumar et al., 2003) devido ao seu desenho racional e aos seus excelentes resultados. A RSM é também extremamente útil como ferramenta automatizada para a calibração e validação de modelos, especialmente no caso dos modernos sistemas computacionais multiagentes de redes sociais em grande escala, que estão a ser muito utilizados na modelação e simulação de redes sociais complexas.

O desenho Box-Behnken, seguido de análises canónicas e de cumeeira, foi utilizado para otimizar os parâmetros do processo de extração de polissacáridos do micélio em cultura de *C. sinensis*, de modo a facilitar a exploração adicional e razoável deste fungo precioso. A otimização das condições de cultura é importante para melhorar o produto desejado da fermentação microbiana. Os requisitos óptimos do cultivo submerso para a produção de polissacáridos de algumas espécies de *Cordyceps* têm recebido recentemente uma atenção crescente. No entanto, a produção de polissacáridos a partir de fungos entomogénicos não inclui normalmente polissacáridos intracelulares a partir de micélios, mas sim polissacáridos extracelulares a partir de caldo de cultura devido às etapas de purificação relativamente simples. Por conseguinte, é necessário investigar os requisitos de cultura para a produção de polissacáridos intracelulares de espécies de *Cordyceps* devido à sua potencial bioatividade.

A capacidade média está intimamente relacionada com o fornecimento de oxigénio e com algumas propriedades reológicas durante os processos de fermentação dos fungos superiores, sendo que o fornecimento de oxigénio pode influenciar de forma evidente a formação e a acumulação de metabolitos bioactivos na cultura submersa de fungos medicinais. Assim, é possível que a capacidade média desempenhe um papel importante na produção de micélios e polissacáridos.

Para descobrir a fonte de carbono adequada para a produção de EPS e o crescimento micelial em *Fomes fomentarius*, dez fontes de carbono (glucose, maltose, sacarose, lactose, frutose, galactose, manitol, xilose, amido solúvel e extrato de malte) foram fornecidas separadamente a 30 g/L em vez da glucose utilizada no meio basal. Obteve-se um elevado nível de biomassa micelial e EPS quando se utilizou glucose, manitol e galactose como fonte de carbono. Entre as fontes de carbono testadas, a biomassa micelial máxima (7,48 g/L) foi obtida no meio de glicose, enquanto a produção máxima de EPS (0,89 g/L) foi alcançada no meio de lactose. No entanto, a diferença na produção de EPS entre a glucose (0,81 g/L) e a lactose (0,89 g/L) não foi significativa. É possível que diferentes fontes de carbono possam ter efeitos diferentes de repressão catabólica no metabolismo secundário celular. Este fenómeno também foi encontrado no cultivo submerso de muitos tipos de cogumelos (Hwang et al., 2003). Do ponto de vista prático, a glucose é um bom candidato a fonte de carbono devido à sua facilidade de utilização e baixo custo, em comparação com outras fontes de carbono. Por conseguinte, a glucose foi selecionada como fonte de carbono nas experiências seguintes.

Para investigar a fonte de azoto adequada para a produção de EPS e o crescimento micelial em *F. fomentarius*, onze fontes de azoto (cloreto de amónio, nitrato de amónio, sulfato de amónio, fosfato de amónio, ureia, L-lisina, ácido L-aspártico, peptona, triptona, extrato de carne de bovino e crisálida de bicho-da-seda) foram fornecidas separadamente a 5 g/L em vez da peptona utilizada no meio basal. As células cultivadas nos meios que continham crisálida de bicho-da-seda, peptona ou triptona produziram um nível significativamente elevado de biomassa e EPS. Entre as fontes de azoto orgânico, a crisálida do bicho-da-seda produziu a biomassa mais elevada (8,16 g/L) e a produção de EPS (0,89 g/L). Em comparação com as fontes de azoto orgânico, as fontes de azoto inorgânico deram origem a uma biomassa micelial relativamente mais baixa. Isto é consistente com o que foi previamente sugerido que a maioria dos basidiomicetos prefere fontes de azoto orgânico complexo para as suas culturas submersas favoráveis, porque certos aminoácidos essenciais dificilmente poderiam ser sintetizados a partir de fontes de azoto inorgânico no cultivo de fungos superiores (Shih et al., 2006).

No entanto, a produção de polissacáridos a partir de fungos entomogénicos não inclui normalmente polissacáridos intracelulares a partir de micélios, mas sim polissacáridos extracelulares a partir de caldo de cultura devido às etapas de purificação relativamente simples. Por conseguinte, é necessário investigar os requisitos de cultura para a produção de polissacáridos intracelulares a partir de espécies de *Cordyceps* devido à sua potencial bioatividade. A maioria dos polissacáridos derivados de plantas superiores são relativamente não tóxicos e não causam efeitos secundários significativos, o que constitui um problema importante associado aos polissacáridos bacterianos imunomoduladores e aos compostos sintéticos (Schepetkin e Quinn, 2006).

Muitos estudos demonstraram que os polissacáridos dos cogumelos basidiomicetos tinham efeitos terapêuticos muito benéficos, incluindo a prevenção da oncogénese após a administração de medicamentos pré-orais preparados a partir destes cogumelos ou dos seus extractos,

(1) Atividade antitumoral direta contra vários tumores,

(2) A atividade imunossinérgica contra os tumores em combinação com a quimioterapia e os polissacáridos fúngicos têm efeitos preventivos sobre as metástases tumorais (Chihara, Maeda, Hamuro, Sasaki, & Fukuoka, 1969; Collins, Zhu, Guo, Xiao, & Chen, 2006; Ng & Wang, 2005).

Foi amplamente demonstrado que as acções imunomoduladoras dos polissacáridos dependem da sua composição química, peso molecular, conformação, ligação glicosídica, grau de ramificação, etc. (Methacanon, Madla, Kirtikara, & Prasitsil, 2005; Yadomae & Ohno, 1996). Devido a este fenómeno, foram realizados vários estudos para determinar com precisão as estruturas destes diferentes polissacáridos.

O cancro é a principal causa de morte nos países economicamente desenvolvidos e a segunda principal causa de morte nos países em desenvolvimento. O fardo do cancro está a aumentar nos países economicamente em desenvolvimento em resultado do envelhecimento e do crescimento da população, bem como da adoção crescente de estilos de vida associados ao cancro, incluindo o tabagismo, a inatividade física e as dietas "ocidentalizadas". Uma panorâmica da incidência do cancro a nível mundial, incluindo o número estimado de novos casos de cancro e de mortes em 2008, bem como as taxas de incidência e de mortalidade por região para determinados tipos de cancro. Estas estatísticas baseiam-se no GLOBOCAN 2008, o conjunto normalizado de estimativas mundiais de incidência e mortalidade por cancro produzido pela Agência Internacional de Investigação do Cancro (IARC) para 2008. Comentamos os recentes padrões de incidência e mortalidade observados para uma série de formas comuns de cancro, juntamente com as medidas preventivas estabelecidas que podem reduzir a incidência do cancro a nível mundial.

Mais recentemente, a investigação que sugere que o crescimento do cancro representa um equilíbrio entre o nascimento e a morte celular sugeriu novas abordagens. Assim, uma diminuição da taxa de natalidade celular induzida por um fármaco ou um aumento da taxa de morte celular podem resultar na regressão do tumor. Foram desenvolvidos fármacos de baixo peso molecular que reduzem o progresso das células através do ciclo celular, diminuindo assim a taxa de natalidade celular, ou aumentam a taxa de apoptose. Uma consequência importante desta investigação foi a descoberta de que os medicamentos citotóxicos podiam aumentar a taxa de apoptose. A cisplatina foi um dos primeiros fármacos citotóxicos a induzir a apoptose das células em cultura (Barry et al., 1990). O ADN danificado parece ativar enzimas específicas, como a quinase da Ataxia Telangiectasia Mutated (ATM), que, por sua vez, inicia a série de passos que conduzem à apoptose (Meyn, 1995).

Células HEp2

Neste estudo, investigámos o mecanismo molecular da paragem do crescimento e da apoptose na linha celular de carcinoma da laringe humana Hep-2 (1952 por A. E. Moore, L. Sabachewsky e H. W. Toolan). A apoptose, ou morte celular programada, é uma condição fisiológica de morte celular que é importante para a homeostase normal dos tecidos e crítica em estados de doença (Nagata, 1997). Na morte celular programada, verificam-se múltiplas alterações bioquímicas e morfológicas, incluindo o encolhimento da célula, a formação de bolhas na membrana, a condensação da cromatina, a fragmentação do ADN nuclear e a formação de corpos apoptóticos. Por conseguinte, a indução da apoptose das células tumorais por fármacos antitumorais purificados a partir de produtos naturais, em particular, é o alvo típico dos estudos sobre a terapêutica antitumoral. No presente estudo, a otimização do crescimento, a extração da produção de exopolissacarídeos de *Phyllosticta sp.* e o seu enorme potencial de atividade anticancerígena.

OBJECTIVO DO PRESENTE ESTUDO

- Estudar a otimização do crescimento micelial e a produção de exopolissacáridos utilizando a metodologia de superfície de resposta< Box Behnken design) de *Phyllosticta sp.*

- Para estudar a extração de exopolissacáridos de *Phyllosticta sp.*
- Análise por cromatografia em camada fina dos exopolissacáridos de *Phyllosticta sp.*
- Estudar a atividade anticancerígena dos exopolissacáridos contra as células do cancro epidermoide humano (células HEp2).
- Estudar a análise do ciclo celular por citómetro de fluxo.

2. REVISÃO DA LITERATURA

Polissacárido

Há muitos anos que se sabe que a maioria dos fungos que têm efeitos conhecidos contra os cancros do estômago, esófago, pulmões, etc., pertencem aos Polyporacea. No entanto, os componentes responsáveis por essa ação não foram claramente definidos. No Japão, em 1968, foi relatado que um extrato de água quente de alguns cogumelos comestíveis pertencentes à Polyporacea, mostrou uma marcada atividade antitumoral mediada pelo hospedeiro. Desde então, numerosos investigadores isolaram polissacáridos activos e identificaram-nos como sendo (1 ^3)-e-D glucopiranos com um ramo (1 ->6)-e-D-glicosil que contém proteínas.

Caraterísticas físico-químicas e estruturais

As caraterísticas físico-químicas e estruturais de um polissacárido são definidas pelo peso molecular, composição do monossacárido, configuração das ligações glicosídicas, posição das ligações glicosídicas, sequência do monossacárido, conformação, tamanho das partículas, solubilidade e propriedades reológicas, etc. (Zhang, Cui, Cheung, & Wang, 2007, Cui, 2005). No que respeita aos pesos moleculares e aos componentes da composição dos polissacáridos do chá, foram apresentados resultados diferentes em vários relatórios devido a diferentes matérias-primas ou processos de purificação do chá. O complexo de polissacarídeos do chá com efeitos hipoglicémicos obtido por Mori e Morita (1988) era composto por L-arabinose, D-ribose e D-glicose na proporção de 5,1:4,7:1,7, com peso molecular médio de 40 000Da. Takeo e Kinugasa (1992) referiram que a composição monossacárida do polissacárido com efeito hipoglicémico extraído do chá verde era galactose e glucose. Wang e Wang (1991a) referiram que o polissacárido do chá extraído do chá verde Tunxi era composto por L-fucose, D-manose, D-glucose, D-galactose e arabinose na proporção de 0,23:1,04:0,62: 2,43:1.00, com um peso molecular de cerca de 91.000 Da Wang e Wang (2001) analisaram a composição de monossacarídeos de um polissacarídeo de chá e descobriram que era um heteropolissacarídeo composto por arabinose, xilose, fucose, glicose e galactose na proporção de 5,52:2,21:6,08:44,20:41,99, com o peso molecular de cerca de 107.000 Da. Para além disso, foi também encontrada uma pequena quantidade de ramnose. Chen, Zhang e Xie (2005) descobriram que a composição de monossacarídeos do polissacarídeo do chá extraído do chá verde em Hubei era principalmente composta por arabinose, ribose, xilose, glucose, galactose, ácido glucurónico na razão molar de 1,00:0,77:2,65:0,88:0,42:2,13. Zhou et al. estudaram os polissacáridos do chá purificados a partir de amostras de chá verde de Wuyuan de Jiangxi e descobriram que a sua composição de monossacáridos era ramnose, arabinose, xilose, manose, glucose e galactose (Zhou, Xie, & Nie, 2004; Zhou, Shen, & Xie, 2003). Verificou-se que um polissacárido ácido do chá verde com efeito anti-adesivo seletivo contra determinadas bactérias patogénicas era constituído principalmente por ácido galacturónico (49%) e ácido glucurónico (26%), bem como por pequenas quantidades de ramnose, arabinose, fucose, galactose, manose e xilose com um peso molecular de aproximadamente 8,0 a 104 Da (Lee et al., 2006). Obteve-se um polissacárido ácido sem conjugação com proteínas, com atividade estimuladora da glucocinase do chá verde grosso, composto por ramnose, arabinose, manose, glucose e galactose na proporção de 12,57:22,95:4,4:39,34:20,77 e contendo 8% de ácido galacturónico com um peso molecular de aproximadamente 6 -104 Da (Wang & Xia, 2006). Foi isolado um polissacárido ácido não redutor ligado à proteína do chá oolong que continha ácido urónico, proteína e açúcar neutro com 40,65, 19,59 e 26,66%, respetivamente, e o seu peso molecular era de 1,28-106 Da, o açúcar neutro era composto por D-ramnose, Larabinose-D-galactose e D-glucose com uma razão molar de 1,37:1,89:1,00:1,30 (Chen et al., 2009). Um polissacárido ácido (ATPS-2) e um polissacárido neutro (NTPS-1) foram purificados a partir do chá verde com o peso molecular de 4430 Da e 21247 Da, respetivamente. O ATPS era composto por ramnose, arabinose, galactose e ácido galacturónico. Verificou-se que o NTPS-1 era constituído por galactose (Wang, Wei & Jin, 2009a, 2009b).

Vários polissacáridos antitumorais, alguns hetero-e-glucanos e os seus complexos proteicos, como os xiloglucanos, e в-glucanos ácidos contendo ácido urónico, foram isolados a partir de extractos utilizando grandes quantidades de álcali diluído, em cogumelos japoneses (8 espécies) e cogumelos chineses (5 espécies). Foram efectuados vários ensaios para aumentar a atividade através de modificações químicas, tais como os poliálcoois formados por uma leve degradação Smith e os produtos formados pela redução BH 4 após a oxidação IO 4. Os polissacáridos dos cogumelos são considerados Modificadores da Resposta Biológica (BRM) ou imunopotenciadores devido ao seu mecanismo de ação. No Japão, foram desenvolvidos três agentes antitumorais polissacáridos diferentes a partir do corpo de frutificação, do micélio e do meio de cultura de três espécies de cogumelos.

A capacidade de produção de enzimas xilanolíticas em fermentação submersa (SF) por *Pleurotus eryngii* e *Flamulina velutipes* foi verificada pela primeira vez. O cultivo em condições de cultura idênticas revelou grandes diferenças entre a produção de xilanase por ambas as espécies. Entre as fontes de carbono utilizadas, a xilanase máxima foi produzida por *Flamulina velutipes* 5,3 UI/Ml (xilose) e *Pleurotus eryngii* 6,83 UI/ml (amido) em comparação com outras fontes de carbono. Este estudo indicou que ambos os organismos são capazes de produzir uma quantidade suficiente de enzimas xilaníticas.

A otimização das condições de cultura submersa para o crescimento micelial e a produção de exopolissacáridos (EPS) num cogumelo comestível *Tremella fuciformis* foi estudada em frascos agitados e bioreactores. A temperatura de 28^C e pH 8 no início da fermentação em frascos agitados foi a condição mais eficiente para obter o máximo de biomassa micelial e EPS. Os constituintes óptimos do meio foram os seguintes (g /L): glucose 20, triptona 2, KH2PO4 0,46, K2HPO4 1 e MgSO^io 0,5. O fungo foi cultivado sob várias condições de agitação e arejamento num bioreactor de tanque agitado de 5 L. A massa celular máxima e a produção de EPS foram obtidas a uma velocidade de agitação relativamente elevada de 2000 rpm e a uma taxa de arejamento de 2 vvm. O comportamento do fluxo do caldo de fermentação foi newtoniano e a viscosidade aparente máxima (35 cP) foi observada numa condição altamente aerada (2 vvm). A produtividade de EPS num reator de airlift foi superior à do reator de tanque agitado. O estudo morfológico revelou que o fungo cresce principalmente em três formas diferentes de levedura: ovoide, alongada e dupla. A elevada população da levedura alongada tem uma relação muito próxima com a elevada produção de EPS. Os EPS eram polissacáridos ligados a proteínas, constituídos principalmente por manose, xilose e fucose. O peso molecular do EPS foi determinado como sendo (1,3-1,5) x 106.

A metodologia de superfície de resposta (RSM), baseada num desenho Box-Behnken (BBD), foi utilizada para otimizar as condições de extração de polissacáridos brutos da *Herba Moslae*. Foram investigadas três variáveis independentes, a temperatura de extração, o tempo de extração e a relação água/sólido. Com base na análise RSM, as condições ideais de extração foram determinadas a uma temperatura de 86,9 °C, tempo de 4,1 h e proporção de água para sólido 17,7:1 (mL/g). Os polissacarídeos brutos produzidos nestas condições óptimas continham 37,84% de hidratos de carbono neutros, 6,14% de proteínas, 5,18% de ácidos urónicos, 8,1% de humidade e 4,6% de cinzas. O resultado da composição de monossacarídeos por cromatografia gasosa (GC) mostrou que os polissacarídeos brutos consistiam em oito tipos de monossacarídeos: ramnose, ribose, fucose, arabinose, xilose, manose, glucose e galactose, com a razão molecular de 3,72:2,45:0,92:6,00:2,76:5,09:13,53:9,58. Os resultados da atividade pinocítica e dos ensaios de óxido nítrico do macrófago peritoneal do rato sugeriram que os polissacáridos brutos tinham potenciais propriedades imunomoduladoras.

A otimização, purificação e caraterização de um polissacárido extracelular (EPS) de uma bactéria *Paenibacillus polymyxa* SQR-21 (SQR 21) foram investigadas. Os resultados mostraram que a SQR-21 produziu um tipo de EPS com peso molecular de 8,96 a 105 Da. O EPS era composto por manose, galactose e glucose numa proporção de 1,23:1,14:1. A proporção de monossacarídeos e ácido glucurónico era de 7,5:1. As condições de cultura preferíveis para a produção de EPS foram pH 6,5, temperatura 30° C durante 96 h, sendo o extrato de levedura e a galactose as melhores fontes de N e C, respetivamente. A produção máxima de EPS (3,44 g/L) foi alcançada com galactose 48,5 g/L, Fe3+ 242 lM e Ca2+ 441 lM. Além disso, o EPS apresentou boas actividades de eliminação de superóxidos, floculação e quelação de metais, enquanto foram determinadas actividades moderadas de inibição da peroxidação lipídica e de redução. Estes resultados mostraram o grande potencial do EPS produzido pelo SQR-21 para ser utilizado na indústria em vez do composto sintético.

A proliferação *in vitro* de linhas de células tumorais HepG2, é provável que uma boa solubilidade em água, um Mw relativamente mais elevado, a rigidez da cadeia e a introdução de grupos sulfatados sejam cruciais para o reforço das actividades antitumorais.

Os derivados de polissacáridos insolúveis em água apresentaram uma boa solubilidade em água e uma conformação de cadeia relativamente expandida, o que levou a um aumento da atividade antitumoral. De acordo com os presentes resultados, a solubilidade em água é o principal fator na melhoria da bioatividade . Além disso, os derivados sulfatados apresentaram um rácio de inibição in vitro mais elevado nas células Hep G2 do que os derivados nativos. A solubilidade em água e a conformação da cadeia dos polissacáridos de cogumelos parecem estar estreitamente relacionadas com os seus efeitos antitumorais.

Os factores endógenos (por exemplo, o fator de necrose tumoral (TNF) e as proteínas de choque térmico) que provocam a maturação das células dendríticas (DC) constituem uma classe importante de estímulos que podem contribuir para o início ou a perpetuação de uma resposta imunitária contra agentes patogénicos. Em contrapartida, se estes mediadores forem libertados cronicamente e/ou na ausência de infeção, podem contribuir potencialmente para a ativação de células T auto-reactivas e desempenhar um papel no desenvolvimento da autoimunidade (Gallucci et al., 1999; Gallucci e Matzinger, 2001).

As actividades biológicas dos polissacáridos têm atraído cada vez mais atenção nas áreas bioquímica e médica devido aos seus efeitos anticancerígenos. Para estimar o mecanismo antitumoral do MAP, um novo polissacárido da loach, *Misgurnus anguillicaudatus*, foram estudados os efeitos de apoptose do polissacárido nas células de carcinoma hepatocelular humano (células SMMC-7721). Os presentes estudos mostraram que o MAP pode induzir a apoptose celular, que foi acompanhada de perto por um aumento da concentração de cálcio livre intracelular (Ca^{2+}i), o aumento do nível de espécies reactivas de oxigénio (ROS), a dissipação do potencial de membrana das mitocôndrias (MMP), a regulação positiva do mRNA p53, o aumento da expressão do mRNA Bax e a diminuição da expressão do mRNA Bcl-2. Estes resultados sugerem que a apoptose celular induzida por MAP foi principalmente mediada por vias mitocondriais, não envolvendo vias de receptores de morte (DRs). O mecanismo possível é que o MAP actua nas mitocôndrias e aumenta as ERO, as ERO medeiam a libertação de Ca^{2+} da reserva intracelular de Ca^{2+}, aumentando o Ca^{2+}i) e direcionando as células para o início do programa de apoptose. No entanto, é necessária mais investigação sobre os mecanismos moleculares do efeito da MAP nas mitocôndrias das células.

Classificações

Existe uma variedade de esquemas de classificação inter-relacionados. O esquema de classificação mais útil divide os hidratos de carbono em grupos de acordo com o número de unidades individuais de açúcar simples. Os monossacáridos contêm uma única unidade, os dissacáridos contêm duas unidades de açúcar e os polissacáridos contêm muitas unidades de açúcar como nos polímeros - a maioria contém glucose como unidade monossacárida.

O extrato do pericarpo do fruto da lichia (LFP) contém quantidades significativas de compostos polifenólicos e apresenta uma poderosa atividade anti-oxidante contra a oxidação da gordura in vitro. O objetivo deste estudo é confirmar a atividade anticancerígena do extrato de LFP contra o carcinoma hepatocelular in vitro e in vivo, e elucidar o mecanismo da sua atividade. A linha celular de carcinoma hepatocelular humano foi testada in vitro quanto à citotoxicidade, inibição da formação de colónias e distribuição do ciclo celular através de citometria de fluxo após tratamento com extrato etanólico bruto solúvel em água (CEE) de LFP. Os ratinhos portadores de *hepatoma murino* foram alimentados com doses de 0,15, 0,3 e 0,6 g/kg/dia de CEE solúvel em água em DH2O p.o. durante 10 dias, respetivamente, para testar a atividade anticancerígena e a incorporação de BrdU de células cancerígenas in vivo. O extrato de LFP demonstrou um efeito inibitório dependente da dose e do tempo no crescimento das células cancerosas; o IC50 foi de 80 iig/ml e inibiu significativamente a formação de colónias in vitro, o crescimento tumoral e a incorporação de BrdU nas células cancerosas in vivo. As taxas de inibição do tumor nas doses de 0,15, 0,3 e 0,6 g/kg/dia foram de 17,31% (P>0,05), 30,77% (P<0,05) e 44,23% (P<0,01), respetivamente. As células tumorais marcadas com BrdU dos animais tratados foram de 11,80±2,79% e foram significativamente inferiores às dos controlos não tratados (23,00±5,42%, P<0,05). Os nossos resultados mostraram que o extrato de LFP exibiu uma potencial atividade anticancerígena contra o carcinoma hepatocelular *in vitro* e *in vivo* através da inibição da proliferação e da indução da apoptose das células cancerígenas.

Para além dos estudos clínicos realizados em doentes, os efeitos citotóxicos da PSP nas células cancerosas foram estudados in vitro e em modelos animais portadores de tumores. A PSP suprimiu in vitro o carcinoma ascítico de Enrlich, a leucemia monocítica, a leucemia P-388, o linfossarcoma, o cancro gástrico humano e as linhas celulares de cancro do pulmão (Yang, 1993). A PSP também inibiu o crescimento do sarcoma 180 (Yang, 1993), do adenocarcinoma do pulmão (Zeng et al., 1993) e do cancro do pulmão de Lewis (Wang et al., 1993) em ratinhos. No entanto, os efeitos combinados da PSP com outros agentes anticancerígenos na citotoxicidade das células cancerígenas não foram realizados. Os efeitos citotóxicos diretos da PSP, isoladamente ou em combinação com ciclofosfamida, foram investigados em células Hep G2, selecionadas porque não se sabe se a PSP pode exercer um efeito citotóxico direto em linhas celulares de hepatoma, isoladamente ou em combinação com outros agentes anticancerígenos citotóxicos.

No entanto, parece que a resposta ao trauma, queimaduras, choque hemorrágico e infeção microbiana está associada apenas a um período pró-inflamatório transitório seguido de um período mais prolongado de imunossupressão (Efron e Moldawer, 2003). Assim, é importante para a administração adequada de imunomoduladores manter o equilíbrio imunológico do hospedeiro. A raiz seca de *Astragalus mongholicus* (Huangqi) tem uma longa história de utilização medicinal na medicina tradicional chinesa. Atualmente, é utilizada habitualmente como agente imunomodulador em decocções mistas de ervas para tratar a constipação comum, a diarreia, a fadiga e a anorexia (Kim et al., 2008).

Um a-d-glucano (RR1) composto por ramos ligados a (1Y4) e ramos ligados a (1Y6) com uma massa molecular de N550 kDa e exibindo propriedades imunoestimulantes únicas foi isolado e caracterizado a partir da planta medicinal *Tinospora cordifolia*. Este novo polissacárido não é citotóxico e não prolifera em linfócitos normais nem em linhas de células tumorais a 0-1000 mg/mL. Activou diferentes subconjuntos de linfócitos, tais como células assassinas naturais (NK) (331%), células T (102%) e células B (39%) a uma concentração de 100 mg/mL. A ativação significativa das células NK está associada à morte dependente da dose de células tumorais por linfócitos normais activados num ensaio funcional. A ativação imunitária por RR1 em linfócitos normais provocou a síntese de interleucina (IL)-1h (1080 mg/ml), IL- 6 (21.833 mg/mL), IL- 12 p70 (50,19 mg/ml), IL-12 p40 (918,23 mg/ml), IL- 18 (27,47 mg/ml), IFN- g (90.16 pg/ml), fator de necrose tumoral (TNF)-a (2225 mg/ml) e proteína quimioatraente de monócitos (MCP)-1 (2307 pg/ml) a uma concentração de 100 Ag/ml, enquanto não induziu a produção de IL-2, IL-4, IL-10, interferão (IFN)-a e TNF-h. O perfil de citocinas demonstra claramente a via Th1 de diferenciação das células T auxiliares, essencial para a imunidade mediada por células, com um mecanismo de autorregulação para o controlo da sua produção excessiva. A RR1 também activou os complementos na via alternativa, demonstrada por um aumento gradual dos componentes C3a des Arg. Aliás, a estimulação do RR1 não produziu qualquer stress oxidativo ou óxido nítrico sintase induzível (iNOS) nos linfócitos ou qualquer aumento significativo da produção de óxido nítrico. A solubilidade em água, a elevada massa molecular, a ativação dos linfócitos, especialmente das células NK, a ativação do complemento, o perfil de citocinas associadas à via Th1, juntamente com um baixo nível de síntese de óxido nítrico e a ausência de stress oxidativo conferem a este novo a-d-glucano um importante potencial imunitário protetor.

As paredes dos fungos patogénicos também contêm в-(1-3) ou P-(1-6) - glucanos (Taylor et al. 2007; Saijo et al. 2007). Embora (por razões práticas) estes não sejam aplicados clinicamente, são provavelmente importantes para desencadear respostas anti-fúngicas do hospedeiro. No entanto, nem sempre é claro qual o componente da parede que é o estimulador ou estimuladores, e também não é claro se todos os fungos se comportam da mesma forma mecanicista. Por exemplo, *o A.*

fumigatus sintetiza um B -(1-3)-glucano com 4 % de ramificações B -(1-6) e um B -(1-3), (1-4)-glucano linear (Fontaine et al. 2000) e ambos estimulam respostas imunitárias em ratos (Hohl et al. 2005). No entanto, o papel dos B -glucanos da parede celular da *Candida albicans* parece incerto. As evidências sugerem alguma competição com a laminarina (Netea et al. 2006), que, embora seja um B -glucano e possa ligar-se preferencialmente aos receptores celulares, não consegue induzir quaisquer respostas imunitárias subsequentes do hospedeiro. No entanto, as paredes de *Pneumocystis carinii f. sp.* muris também contêm um B - (1-3)-glucano, e a digestão por uma B - (1-3)-glucanase reduz muito o seu efeito imunoestimulador (Vassallo et al. 2000). No organismo vivo, os B-glucanos da parede estão aparentemente protegidos por camadas de manano, mas os b-glucanos ficam expostos após o tratamento térmico e induzem imunorrespostas mais fortes no hospedeiro (Gantner et al. 2005). É necessário mais trabalho com B-glucanos bem caracterizados das paredes de outros fungos patogénicos para clarificar o seu papel, se existir, nos mecanismos de defesa do hospedeiro.

Um polissacárido mitogénico com um peso molecular (MW) de 2,4 x 103 kDa foi isolado do micélio do fungo filamentoso marinho *Phoma herbarum* YS4108 através de uma combinação de cromatografia de permuta iónica em DEAE-32 e permeação em gel sobre Sephacryl S-400. A análise pormenorizada da composição, espetroscopia e metilação do polissacárido demonstrou que a sua espinha dorsal possuía muito provavelmente uma cadeia principal de glucopiranosídeo linear ligada a a-(1^4), co-ligada através de uma ligação lateral a-(W6). A ligação a-(1^4) dos blocos de construção de glucopiranosídeos no YCP foi confirmada pela observação de que podia ser hidrolisada pela a-amilase produzida por *Bacillus licheniformis*. Uma experiência fiável de monitorização da concentração destacou que os açúcares redutores libertados continuamente do YCP durante a sua incubação com a enzima, e o MW do principal fragmento resultante pesava 0,8 x 104 Da com aproximadamente 10% de YCP convertido em maltose, malto triose e glucose após uma degradação enzimática de 120 minutos. Finalmente, verificou-se que o YCP era capaz de aumentar a atividade fagocítica dos ratos *in vitro* e *in vivo*, indicando que pode ser considerado um potente imunomodulador que pode ativar os macrófagos.

Para descobrir a fonte de carbono adequada para a produção de EPS e o crescimento micelial em *Fomes fomentarius*, dez fontes de carbono (glucose, maltose, sacarose, lactose, frutose, galactose, manitol, xilose, amido solúvel e extrato de malte) foram fornecidas separadamente a 30 g/L em vez da glucose utilizada no meio basal. Obteve-se um elevado nível de biomassa micelial e EPS quando se utilizou glucose, manitol e galactose como fonte de carbono. Entre as fontes de carbono testadas, a biomassa micelial máxima (7,48 g/L) foi obtida no meio de glicose, enquanto a produção máxima de EPS (0,89 g/L) foi alcançada no meio de lactose. No entanto, a diferença na produção de EPS entre a glucose (0,81 g/L) e a lactose (0,89 g/L) não foi significativa. É possível que diferentes fontes de carbono possam ter efeitos diferentes de repressão catabólica no metabolismo secundário celular. Este fenómeno também foi encontrado no cultivo submerso de muitos tipos de cogumelos (Hwang et al., 2003). Do ponto de vista prático, a glucose é um bom candidato a fonte de carbono devido à sua facilidade de utilização e baixo custo, em comparação com outras fontes de carbono. Por conseguinte, a glucose foi selecionada como fonte de carbono nas experiências seguintes.

Para investigar a fonte de azoto adequada para a produção de EPS e o crescimento micelial em *F. fomentarius*, onze fontes de azoto (cloreto de amónio, nitrato de amónio, sulfato de amónio, fosfato de amónio, ureia, L-lisina, ácido L-aspártico, peptona, triptona, extrato de carne de bovino e crisálida de bicho-da-seda) foram fornecidas separadamente a 5 g/L em vez da peptona utilizada no meio basal. As células cultivadas nos meios que continham crisálida de bicho-da-seda, peptona ou triptona produziram um nível significativamente elevado de biomassa e EPS. Entre as fontes de azoto orgânico, a crisálida do bicho-da-seda produziu a biomassa mais elevada (8,16 g/L) e a produção de EPS (0,89g/1). Em comparação com as fontes de azoto orgânico, as fontes de azoto inorgânico deram origem a uma biomassa micelial relativamente mais baixa. Isto é consistente com o que foi previamente sugerido que a maioria dos basiomicetos prefere fontes de azoto orgânico complexo para as suas culturas submersas favoráveis, porque certos aminoácidos essenciais dificilmente poderiam ser sintetizados a partir de fontes de azoto inorgânico no cultivo de fungos superiores (Shih et al., 2006).

Foi selecionado um fungo endofítico potente, *Stemphylium sp.*, para a produção de exopolissacáridos. O crescimento micelial máximo e a produção de exopolissacarídeos foram encontrados a pH 6,0. O crescimento micelial e a produção de exopolissacáridos mais elevados foram observados no meio que continha sacarose como única fonte de carbono. Entre os vários iões metálicos examinados, tanto o Mg^{++} como o Na^{+} tiveram um efeito benéfico no crescimento micelial, ao passo que a produção máxima de exopolissacáridos foi alcançada em no meio que continha Mg_{++} . Entre as diferentes fontes de azoto, o extrato de levedura e o NH4NO3 foram considerados favoráveis para o crescimento micelial e a produção máxima de exopolissacarídeos foi obtida quando o extrato de levedura foi utilizado como fonte de azoto. O SEM do pellet fúngico mostrou uma variação morfológica a pH 5,5 do meio. A cromatografia em papel do polissacárido hidrolisado mostrou que o exopolissacárido produzido por *Stemphylium sp.* é um heteropolissacárido de unidades de glucose e manose. O açúcar é do tipo manno-glucano.

Ganoderma tsugae, um dos mais famosos medicamentos tradicionais chineses, atraiu recentemente muita atenção devido às suas actividades biológicas (Shiao, Lee, Lin, & Wang, 1994; Su, Shiao & Wang, 1999; Wu, Shi, & kuo, 2001). Entre os componentes biologicamente activos, os polissacáridos, os polissacáridos ligados a proteínas e os seus derivados demonstraram ser responsáveis pelas suas actividades antitumorais, que se baseiam no reforço do mecanismo mediado pelo hospedeiro (Mizuno, Suuzki, Maki, & Tamaki,1985; Seong, Young,Chong, & Seong, 2000). Embora a maioria dos polissacáridos antitumorais tenha a estrutura básica β-(1-3)-D- glucano, como o Lentinan de *Lentinusedodes* (Chihara, Maeda, Hamuro, Sasaki & Fukuoka,1969) e o Pachyman de *Poria Cocos* (Humuro, Yamashita, Ohsaka, Maeda, & Chihara, 1971), um a-manno-glucano (Tanigami, Kusumoto, Nago & Kokeguchi, 1991) e uma a-glucano-proteína (Mizuno, Sation, Nishitoba, &Kawagishi, 1995) demonstraram ter actividades antitumorais. Para além do conhecimento das propriedades físico-químicas, a estrutura secundária dos polissacáridos é também muito importante para uma interpretação mais aprofundada das suas actividades antitumorais (Adachi, Ohno, Ohsawa, Oikawa, &Yadomae, 1990; Kulicke, Lettau, & Thielking,1997).

Sone, Okuda, Wada, Kishida e Misaki (1985) isolaram polissacáridos extracelulares (0,85 g por litro de fluido de cultura) do filtrado de cultura do micélio de *G. lucidium*, tendo depois isolado dois polissacáridos solúveis em água, nomeadamente galacto glucomanano e manano, sendo que o manano consiste numa estrutura de a-D-manano ligada a (1- 6) e cadeias laterais de resíduos de D-manosilo ligados a (1-2). No entanto, não foram comunicadas quaisquer actividades antitumorais. Exceto isto, pouca atenção tem sido dada aos polissacáridos extracelulares de alto rendimento. Neste trabalho, tentámos investigar as estruturas químicas, a massa molecular e as actividades antitumorais dos polissacáridos extracelulares solúveis em água do filtrado de cultura do micélio de *G. tsugae*.

Os cogumelos têm sido valorizados como recursos comestíveis e medicinais, tendo sido identificadas substâncias antitumorais em muitas espécies de cogumelos. Os polissacáridos são as substâncias derivadas de cogumelos mais conhecidas e mais potentes, com propriedades antitumorais e imunomoduladoras. Embora o processo de isolamento, a caraterização estrutural e a atividade antitumoral dos polissacáridos de cogumelos tenham sido amplamente investigados nas últimas três décadas, a relação entre a atividade antitumoral e a composição química, bem como a estrutura de ordem superior dos seus componentes activos, ainda não está bem estabelecida. Estes estudos ainda estão a decorrer em muitos laboratórios, e o papel dos polissacáridos como agentes antitumorais está especialmente a ser objeto de um intenso debate.

Os polissacáridos antitumorais naturais isolados de cogumelos incluem polissacáridos ácidos e neutros com diferentes tipos de ligações glicosídicas, enquanto alguns estão ligados a proteínas ou resíduos de péptidos, como complexos polissacáridos-proteínas ou - péptidos (Cun et al., 1994; Jong, Birmingham & Pai, 1991; Mizuno & Zhuang,1995). Para além da estrutura primária, uma estrutura superior dos polissacáridos, como a conformação da cadeia, desempenha também um papel importante nas suas actividades antitumorais (Wasser, 2002). A maioria dos polissacáridos permaneceu classificada como substâncias bioactivas não específicas porque o seu modo de ação exato era desconhecido e a conformação da cadeia dos seus componentes activos era indefinida.

Quando muitos factores e interações afectam a resposta desejada, a Metodologia da Superfície de Resposta (RSM) é uma ferramenta eficaz para otimizar o processo, que foi originalmente descrita por Box e Wilson (Box & Wilson, 1951). A RSM é um conjunto de técnicas estatísticas e matemáticas que tem sido utilizado com sucesso para determinar os efeitos de diversas variáveis e otimizar processos (Atkinson & Donev, 1992). A RSM tem sido aplicada com sucesso para otimizar as condições na investigação alimentar e farmacêutica (Batistuti, Barros, &Areas, 1991; Ibanoglu & Ainsworth, 2004; Shieh, Koehler, &Akoh, 1996; Varnalis, Brennan, MacDougall, & Gilmour, 2004; Vega, Balaban, Sims, O'Keefe, & Cornell, 1996). A principal vantagem da RSM é reduzir o número de ensaios experimentais necessários para avaliar múltiplas variáveis e as suas interações. Por conseguinte, é menos trabalhoso e demorado do que outras abordagens necessárias para otimizar um processo (Giovanni, 1983). Normalmente, aplica-se um desenho experimental como o Box-Behnken (BBD), o Central Composite (CCD) e o Doehlert (DDD) para ajustar um polinómio de segunda ordem através de uma técnica de mínimos quadrados. Uma equação é utilizada para descrever a forma como as variáveis de teste afectam a resposta e determina a inter-relação entre as variáveis (Liu, Miao, Wen, & Sun, 2009).

Os polissacáridos de origem biológica têm sido amplamente estudados devido à sua vasta gama de aplicações em vários domínios, incluindo a indústria alimentar, farmacêutica e cosmética. Atualmente, os polissacáridos utilizados a nível industrial são quase exclusivamente de origem vegetal e de algas marinhas. No entanto, os microrganismos são conhecidos pela sua capacidade de sintetizar exopolissacáridos (EPS), tanto homo-polímeros como hetero-polímeros com diferentes complexidades estruturais. Os polissacáridos microbianos têm várias aplicações, tais como agentes gelificantes, agentes imunoestimulantes, agentes antitumorais ou apresentam actividades hipoglicémicas. Já foram registados vários tipos de polissacáridos, como mananos, glucanos, glucomananos, glactomananos e fosfomananos. Estes polissacáridos podem representar uma alternativa válida aos produtos vegetais e as suas propriedades são quase idênticas às das gomas atualmente utilizadas. Entre os polissacáridos microbianos, os de origem bacteriana estão bem estudados.

Nos últimos anos, os cientistas têm-se interessado pelos polissacáridos de origem fúngica devido à sua grande variação. A maioria dos trabalhos de investigação realizados centrou-se nos polissacáridos intracelulares. Apenas alguns fungos foram utilizados para produzir EPS, tais como *Paecilomyces japonica*, *Cordyceps militaris* e *Auricularia polytricha trichoderma sp*. Alguns investigadores salientaram que o meio de cultura e as condições ambientais afectam a produção e as caraterísticas físico-químicas do EPS. Este estudo explora o potencial do fungo endofítico filamentoso *phyllosticta sp*. para a produção de EPS. Foi estudada a otimização das condições ambientais para a produção máxima de EPS.

POLISSACÁRIDOS DE COGUMELOS

Os compostos bioactivos isolados dos cogumelos medicinais exercem efeitos antitumorais, imunomoduladores, antiproliferativos, hipotensivos, de bioregulação (aumento da função imunológica), preservando a homeostase, prevenindo o prognóstico de doenças crónicas generativas (Zha et al., 2003) (Wasser et al., 1999) (Didukh et al.,2003). Várias evidências mostram que as principais substâncias responsáveis pelos efeitos imunomoduladores dos cogumelos são os polissacáridos в-D-glicanos (Wasser 2000).

Nas últimas décadas, numerosos polissacáridos e complexos PS-Proteína foram isolados de cogumelos e utilizados como fonte de agentes terapêuticos. As actividades biofarmacológicas mais promissoras destes biopolímeros são os seus efeitos imunomoduladores e anticancerígenos.

Os polissacáridos representam uma classe estruturalmente diversa de macromoléculas de ocorrência relativamente generalizada na natureza. Contêm caraterísticas estruturais repetitivas, que são polímeros de resíduos de monossacáridos unidos entre si por ligações glicosídicas, tais como (1- 3), (1- 6)-e-glucanos, verdadeiros heteroglicanos, enquanto outros se ligam principalmente a resíduos de proteínas como complexos polissacárido-proteína.

Devido à sua variabilidade estrutural, os polissacáridos oferecem a maior capacidade de transporte de informação biológica. Ao contrário do ácido nucleico e do aminoácido, o polissacárido pode interligar-se em vários pontos para formar uma grande variedade de estruturas ramificadas ou lineares (Sharon, N., 1993). Os primeiros
O polissacárido que se diz ter atividade antitumoral foi isolado em 1943 da bactéria *Serratia marcescence*, conhecido como polissacárido de cisalhamento (Whistler et al., 1976).

Desde que a atividade antitumoral dos polissacáridos de macrofungos foi publicada pela primeira vez por Chihara na década de 1960 (Chihara, 1969), os investigadores isolaram polissacáridos estruturalmente diversificados com uma forte atividade antitumoral.

O mecanismo proposto pelo qual os polissacáridos dos cogumelos exercem um efeito antitumoral inclui:

1) Prevenção da oncogénese através da administração oral de polissacáridos isolados de fungos (atividade de prevenção do cancro);

2) Reforço da imunidade contra o tumor portador (atividade imunoestimulante); e

3) Atividade antitumoral direta para induzir a apoptose das células tumorais (atividade de inibição direta do tumor).

Os polissacáridos de origem fúngica exercem a sua ação antitumoral principalmente através da ativação da resposta imunitária do organismo hospedeiro (atividade imunoestimulante). Por outras palavras, os polissacáridos dos cogumelos não matam diretamente as células tumorais. Ajudam o hospedeiro a adaptar-se a vários stresses biológicos e exercem uma ação não específica no hospedeiro, apoiando alguns ou todos os sistemas principais. Os polissacáridos dos cogumelos não causam qualquer dano e não colocam qualquer stress adicional no organismo, pelo que são considerados como modificadores da resposta biológica. Muitos polissacáridos de cogumelos têm uma atividade imuno-estimulante.

A atividade imunomoduladora mediada pelo hospedeiro foi demonstrada por uma série de estudos. O efeito antitumoral dos polissacáridos foi perdido em ratos timectomizados neonatais (ratos que não têm sistema imunitário dependente do timo) e diminuiu significativamente com a administração de soro anti-linfócito (Maeda & Chihara, 1971).

Os β-Glucanos pertencem a um grupo de polissacáridos caracterizados pela sua localização na parede celular. Alguns microrganismos e cereais, como a cevada e a aveia, são ricos em β-glucanos. Estes polissacáridos são de grande importância económica.

Pensa-se que os β-glucanos têm várias propriedades imunomoduladoras. Estudos *in vitro* e *in vivo* revelam que a atividade imunoestimulante do β-glucano depende da estrutura, do peso molecular e do número de ramificações. Os β -Glucanos actuam através da estimulação do sistema imunitário, exercendo um efeito benéfico contra uma variedade de bactérias, vírus, fungos e parasitas.

A atividade antitumoral dos polissacáridos é variável e depende da composição química e das propriedades físicas. A identificação de alimentos que produzam elevados níveis destes polissacáridos e que possam sofrer modificações no controlo do gene do β-glucano para melhorar a sua absorção e consequentemente a sua eficácia, pode ser uma abordagem na produção de alimentos funcionais com propriedades medicinais.

Nos estudos da distribuição do ciclo celular, os resultados da FACS confirmaram que a progressão do ciclo celular das células tratadas com polissacárido *de Lycium barbarum* foi bloqueada na fase S, o que estava de acordo com os resultados da LSCM. A taxa de apoptose das células tratadas com LBP aumentou, mas não fortemente. Isto pode dever-se ao facto de as células tratadas com LBP terem sido bloqueadas na fase S, que se situava entre diploide e tetraploide e não podia apresentar-se na fase sub-G1.

Os éteres difenílicos polibromados (PBDE) são uma importante classe de retardadores de chama orgânicos bromados halogenados. Devido à sua presença em ambientes abióticos e bióticos e à sua semelhança estrutural com os bifenilos policlorados (PCB), tem-se levantado a questão dos seus possíveis efeitos adversos para a saúde humana. Este estudo foi concebido para determinar as propriedades anti-proliferativas e apoptóticas do éter difenílico decabromado (PBDE-209), utilizando uma linha Hep G2 de hepatoma humano como sistema modelo. As células Hep G2 foram cultivadas na presença de PBDE-209 em várias concentrações (1,0-100,0 mol/L) durante 72 h e a percentagem de viabilidade celular foi avaliada pelo ensaio de brometo de tetrazólio 3-(4,5-dimetiltiazol-2-il)-2,5-difenil (MTT). Os resultados mostraram que o PBDE-209 inibiu a viabilidade das células em caraterísticas dependentes do tempo e da concentração em concentrações (10,0-100,0 mol/L).

O péptido polissacárido (PSP), isolado do Coriolus versicolor COV-1, demonstrou restaurar os efeitos imunológicos contra a imunossupressão induzida pela ciclofosfamida, embora o(s) mecanismo(s) envolvido(s) permaneça(m) incerto(s). Este estudo investigou a interação PSP-ciclofosfamida, estudando os efeitos da PSP na farmacocinética da ciclofosfamida no rato e o efeito da PSP nos efeitos citotóxicos da ciclofosfamida numa linha de células cancerígenas (células Hep G2). Nos estudos farmacocinéticos no rato, o pré-tratamento agudo de PSP (4 lmol/kg/dia, i.p.) diminuiu a depuração (CL) da ciclofosfamida em 31%, com um aumento concomitante da área sob a curva concentração-tempo (AUC) em 44% e um prolongamento da semi-vida plasmática (T1/2) em 43%. O pré-tratamento subcrónico da PSP (2 l mol/kg/dia, i.p., 3 dias) diminuiu a CL da ciclofosfamida em 33%, com um aumento concomitante da AUC em 50% e um prolongamento da T1/2 plasmática em 34%. Em estudos de citotoxicidade com células Hep G2, a dose não tóxica de PSP (1-10 lM) aumentou a citotoxicidade da ciclofosfamida. A PSP a 10 lM diminuiu ainda mais a viabilidade das células Hep G2 em 22% em comparação com a presença de ciclofosfamida isolada. Em resumo, a PSP aumentou o efeito citotóxico da ciclofosfamida numa linha celular cancerígena in vitro e alterou a farmacocinética da ciclofosfamida in vivo no rato. Estes dois efeitos podem ser benéficos na utilização da PSP como adjuvante do tratamento com ciclofosfamida. Verificámos que o efeito anti-proliferativo do PBDE-209 estava associado à apoptose nas células Hep G2 através da determinação das alterações morfológicas, do ciclo celular e da apoptose. O estudo do mecanismo mostrou que o PBDE-209 podia aumentar a produção de espécies reactivas de oxigénio intracelular (ROS) de forma dependente da concentração. O antioxidante N-acetilciteína inibiu parcialmente o aumento das ERO. O mecanismo para os seus efeitos inibidores do hepatoma foi a indução da apoptose celular através da produção de ROS. Além disso, a atividade de libertação de lactato desidrogenase (LDH) aumentou quando as células foram incubadas com PBDE-209 em várias concentrações e tempos. Estes resultados sugeriram que o PBDE-209 tinha a atividade tóxica de anti-proliferação e indução de apoptose em células tumorais *in vitro*.

Os polissacáridos de origem natural, incluindo os heteroglicanos e os proteoglicanos de determinado peso molecular e estrutura, possuem propriedades imunomoduladoras específicas de largo espetro, reconhecidas há várias décadas. Essa atividade imunomoduladora inclui a ativação de macrófagos (Adachi et al., 1990), monócitos (Czop e Austen, 1985a), células assassinas naturais (Peter et al., 1988), células assassinas activadas por linfócitos (Yamasaki et al., 1989), células dendríticas (Kim, 2007), linfócitos infiltradores de tumores (Kariya et al., 1991) e outros linfócitos (Kumazawa et al., 1985).

Uma vasta gama de polissacáridos bioactivos foi isolada a partir de várias plantas medicinais, tendo sido demonstrado que estes polissacáridos possuem atividade imunomoduladora através da sua capacidade de modular a função dos macrófagos [revisto em (Schepetkin e Quinn, 2006)]. Além disso, a maioria dos polissacáridos derivados de plantas são relativamente não tóxicos e não causam efeitos secundários graves, o que constitui um problema importante associado aos polissacáridos bacterianos imunomoduladores e aos compostos sintéticos (Finlay e Hancock, 2004). Assim, os polissacáridos vegetais representam candidatos ideais para terapêuticas com ação imunomoduladora, antitumoral e cicatrizante.

3. MATERIAIS E MÉTODOS

Foram utilizadas técnicas microbiológicas e laboratoriais gerais descritas por Rawlins (1933) e Kiraly (1974).

Artigos de vidro

Foram utilizados objectos de vidro da marca Borosil/Corning escrupulosamente limpos. Os objectos de vidro foram lavados com detergente e solução de dicromato acidificado antes de serem cuidadosamente lavados em água corrente da torneira. Em seguida, foram enxaguados com água destilada e secos numa estufa de ar quente.

Produtos químicos

Em todas as experiências foram utilizados reagentes da Merck ou BDH (grau analítico) e da Sigma Chemicals /.

Esterilização

Os meios de cultura e os objectos de vidro, com exceção das placas de Petri, foram esterilizados em autoclave a 121°C sob 15 psi durante 15 minutos. As placas de Petri foram esterilizadas numa estufa de ar quente a 160° C durante 3 horas e os compostos termolábeis foram filtrados e esterilizados com um filtro de vidro sinterizado (grau bacteriano 5).

Recolha de culturas

A cultura pura de *Phyllosticta sp.* foi obtida no centro de recolha de culturas, Center for Advance Study in Botany, Universidade de Madras e mantida em placas PDA e slants para todos os estudos.

Placa. 1 Cultura de *Phyllosticta* sp. cultivada em meio PDA

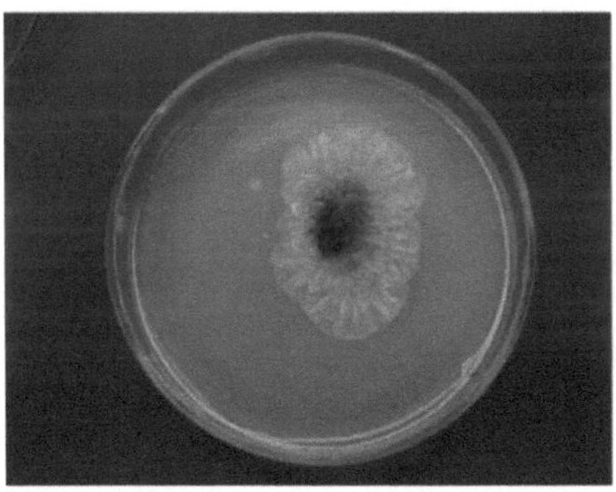

OPTIMIZAÇÃO DO CRESCIMENTO DO MICÉLIO MEIOS DE COMUNICAÇÃO UTILIZADOS

Ágar dextrose de batata (PDA)

Batata	-	200 g
Dextrose	-	20 g
Ágar	-	20 g
Extrato de levedura	-	0.1 g
Água destilada	-	1000 ml
pH	-	6.5 ± 0.2

As batatas frescas (200 g) foram bem lavadas em água e cortadas em pequenas fatias. Foram fervidas em 500 ml e espremidas através de um pano de queijo para obter o máximo de polpa possível. O ágar foi fervido em 500 ml de água destilada até ficar completamente suspenso. Em seguida, adicionou-se dextrose ao extrato de batata e misturou-se com a suspensão de ágar. O volume final foi completado para um litro e esterilizado em autoclave. Para o caldo de dextrose de batata, não se adicionou ágar.

Ágar Czapek Dox (CDA)

NaNo3	-	2.0 g
KH2PO4	-	1.0 g
MgSO4. 7H2O	-	1.0 g
KCl	-	0.5 g
FeSO4.7H2O	-	0.01 g
Sacarose	-	30 g
Ágar	-	20 g
Água destilada	-	1000 ml
pH	-	7.0 ± 0.2

No caldo Czapek dox, não foi adicionado ágar.

Ágar de extrato de malte (MEA)

Peptona	-	1 g
Glicose	-	20 g
Extrato de malte	-	20 g

Ágar	-	20 g
Água destilada	-	1000 ml
pH	-	7.0 ± 0.2

Ágar Dextrose Peptona Extrato de Levedura (YEPD)

Extrato de levedura	-	10 g
Peptona	-	20 g
Dextrose	-	20 g
Ágar	-	20 g
Água destilada	-	1000 ml
pH	-	7.0 ± 0.2

Ágar dextrose de Sabouraud (SDA)

Glicose	-	20 g
Peptona	-	10 g
Ágar	-	20 g
Água destilada	-	1000 ml
pH	-	6.5 ± 0.2

Meio Basal

Glicose	-	10 g
Extrato de levedura	-	3 g
$KH2PO4$	-	1 g
$MgSO4.7H2O$	-	1 g
Peptona	-	1 g
Ágar	-	20 g
Água destilada	-	1000 ml
pH	-	6.0

Placa. 2 Cultura de *Phyllosticta* sp. cultivada em meio basal

EFEITO DE DIFERENTES MEIOS DE CULTURA NA *PHYLLOSTICTA SP.*

A cultura foi inoculada em vários meios de cultura, tais como PDA, CDA, MEA, SDA, meio basal e YEPD, incubados a 25±2°C. Após o período de incubação, o peso seco micelial e os exopolissacáridos foram estimados.

efeito de diferentes pH na produção de biomassa micelial e de exopolissacarídeos

O fungo de teste *Phyllosticta sp.* foi cultivado em meio basal preparado em diferentes níveis de pH. O pH do meio foi ajustado a diferentes níveis de pH, *nomeadamente* 4,5, 5, 5,5, 6, 6,5, 7, 7,5, 8, 8,5 e 9, utilizando ácido clorídrico 1N ou hidróxido de sódio 1N. Para o efeito, foram distribuídos 20 ml do meio em frascos salinos de 100 ml. O meio foi esterilizado, inoculado e incubado a 26°C. Após 35 dias, a cultura foi filtrada através de papel de filtro, o meio foi completamente drenado e o micélio fresco recolhido foi seco na estufa de ar quente para remover completamente a humidade. Os pesos secos da biomassa foram então medidos para estimar a produção de polissacáridos nos filtrados da cultura.

EFEITO DA TEMPERATURA NA PRODUÇÃO DE BIOMASSA MICELIAL

O fungo de teste foi inoculado num meio (meio basal) incubado a diferentes temperaturas, tais como 20, 22, 24,26, 28, 30, 32, 34, 36, 38 e 40°C e o micélio foi colhido aos 35 (trinta e cinco) dias de incubação. A cultura incubada foi filtrada através de papel de filtro; o meio foi completamente drenado e o micélio fresco recolhido foi seco na estufa de ar quente para remover completamente a humidade. O peso seco da biomassa foi então medido e para estimar a produção de polissacáridos no filtrado da cultura.

EFEITO DE DIFERENTES FONTES DE CARBONO E AZOTO NA PRODUÇÃO DE EXOPOLISSACÁRIDO E BIOMASSA MICELIAL

O meio basal foi preparado para investigar o efeito da fonte de carbono e da fonte de azoto no crescimento dos fungos. A modificação foi feita através da adição de diferentes hidratos de carbono (sacarose, glucose, maltose, lactose, arabinose, xilose, manitol e frutose) e fontes de azoto (tartarato de amónio, cloreto de amónio, extrato de levedura, peptona, extrato de malte, nitrato de sódio, extrato de carne de bovino e molibdato de amónio) ao meio. A cultura foi inoculada e incubada a 25±2°C durante 35 dias, e o crescimento do fungo foi determinado através da medição do peso seco da biomassa micelial e o rendimento da produção de polissacáridos também foi estimado.

OPTIMIZAÇÃO DE MICELIAL BIOMASSA E PRODUÇÃO DE POLISSACÁRIDOS POR CONCEPÇÃO ESTATÍSTICA BOX-BEHNKEN

Os níveis dos parâmetros significativos e a interação entre variáveis, que influenciam a biomassa micelial, foram analisados e optimizados pela metodologia Box-Behnken (Box e Behnken, 1960). Neste estudo, o plano experimental consistiu em 15 ensaios e cada variável independente foi estudada em três níveis diferentes, baixo (-1), médio (0) e alto (+1), apresentados no Quadro 1. As variáveis e os seus níveis codificados utilizados para o estudo são apresentados na Tabela 1. Todas as experiências foram efectuadas em triplicado e a média da biomassa micelial e o rendimento de polissacárido obtido foram considerados como variáveis dependentes ou resposta (biomassa micelial, produção de polissacárido).

Para prever o ponto ótimo, foi ajustada uma função polinomial de segunda ordem para correlacionar a relação entre as variáveis independentes e as respostas (biomassa micelial e produção de polissacáridos). Para os três factores, a equação correspondente é:

$$Y= Co+ a1A+ a2B+ a3C+ a11A^2+ a22B^2+ a33C^2+ a12AB+ a13AC+ a23BC \quad (1)$$

Em que Y representa a variável de resposta, Co é a constante do modelo, a1, a2 e a3 são coeficientes lineares, $a11A^2$, $a22B^2$, $a33C^2$ e a_{23} são coeficientes de efeito de interação, a_{12} AB, a_{13} AC e a_{23} BC são coeficientes quadráticos, em que A, B e C representam os níveis codificados das variáveis.

O software Minitab for windows, versão 15, foi utilizado para a análise de regressão múltipla dos dados experimentais obtidos. Os coeficientes múltiplos de correlação R e a determinação foram calculados para avaliar o desempenho da equação de regressão. Os gráficos de superfície de resposta também foram apresentados utilizando o software supramencionado. As condições óptimas para aumentar o rendimento da biomassa micelial e a produção de polissacáridos foram obtidas através da resolução da equação de regressão.

Preparação de polissacáridos brutos

A cultura de *Phyllosticta sp.* foi cultivada num meio basal durante 45 dias.

Após o período de incubação, o tapete micelial foi colhido e o seu peso fresco e seco foram medidos. O filtrado foi filtrado e liofilizado. A amostra liofilizada foi precipitada com etanol a 95% e mantida a - 20^{0}C. Em seguida, a amostra precipitada com etanol a 95% foi centrifugada a 8000 rpm durante 20 minutos. Após a centrifugação, o sobrenadante foi eliminado e o sedimento foi recolhido e dissolvido em água destilada. Este foi novamente liofilizado e o extrato polissacárido bruto foi recolhido.

Cromatografia de camada fina

Na cromatografia em camada fina, o gel de sílica é utilizado como substância de revestimento. As várias soluções foram preparadas do seguinte modo

Soluções de teste

Dissolver 10 mg da substância polissacárida bruta a examinar numa mistura de 2 volumes de água e 3 volumes de metanol e diluir a 20 ml com a mesma mistura de solventes.

Soluções standard

Cerca de 10 mg de glucose foram dissolvidos numa mistura de 2 volumes de água e 3 volumes de metanol e diluídos a 20 ml com a mesma mistura de solventes. Cerca de 10 mg de arabinose, manitol, frutose, glucose, lactose e sacarose foram dissolvidos numa mistura de 2 volumes de água e 3 volumes de metanol e diluídos a 20 ml com a mesma mistura de solventes.

A cromatografia em camada fina foi efectuada em placas de sílica-gel poligonal de 10 cm x 10 cm. Foram colocadas mais 2 μi de cada solução nas placas de sílica-gel. As manchas foram cuidadosamente secas e reveladas numa câmara horizontal saturada com uma mistura de 10 volumes de água, 15 volumes de metanol, 25 volumes de ácido acético anidro e 50 volumes de cloreto de etileno. Os solventes devem ser medidos com exatidão, uma vez que um ligeiro excesso de água produz turvação. Secar a placa com uma corrente de ar quente. Repetir a revelação imediatamente após a renovação da fase móvel. Secar a placa numa corrente de ar quente e pulverizar uniformemente com uma solução de 0,5 g durante 10 minutos. A mancha principal do cromatograma obtido com a solução de ensaio é semelhante, em termos de posição, cor e tamanho, à mancha principal do cromatograma obtido com a solução de referência a). O ensaio só é válido se o cromatograma obtido com a solução de referência (b) apresentar manchas claramente separadas.

Reagente de pulverização

Reagente de ácido 4-amino-benzoico

Dissolver 500 mg de ácido 4-amino-benzoico em 9 ml de ácido acético glacial e 10 ml de água em 0,5 ml de ácido fosfórico (85%).

Avaliação da atividade citotóxica

Preparação do meio de águia modificado de Dulbecco (DMEM)

O meio foi preparado da seguinte forma:

a) O meio em pó (DMEM) foi dissolvido em 900 ml de água destilada ou Millipore esterilizada num erlenmeyer de vidro autoclavado, em condições estéreis. Adicionaram-se os antibióticos na concentração mencionada na secção 2.3 e agitou-se bem.

b) Foram adicionados 3,7 g de bicarbonato de sódio ao balão e agitou-se até à sua dissolução completa. Adicionou-se 10% de FBS e misturou-se bem.

c) O líquido foi lentamente vertido para a parte superior de uma unidade de esterilização de meios (Corning) e filtrado através de um filtro de 0,2 L sob pressão negativa. O meio foi imediatamente armazenado a 4 °C.

Salina: Tripsina: Versene (STV)

a) Solução salina 10X A: 8 g de NaCl, 0,4 g de KCl, 1,0 g de D-Glucose e 0,35 g de $NaHCO3$ (grau de cultura de tecidos) foram dissolvidos em 100 ml de água e armazenados a 4 °C.

b) Versene: 1g de EDTA (grau de cultura de tecidos) foi adicionado a 90 mL de água destilada. De seguida, adicionou-se NaOH 5N, gota a gota, até se dissolver. A solução foi esterilizada por filtração e armazenada a $^{4°C}$.

c) Foram preparados 100 ml de STV adicionando 25 mg de tripsina numa mistura de 10 ml de solução salina A 10X e 2,5 ml de Versene. Foi adicionada água bidestilada para perfazer 100 ml, filtrada de forma estéril, aliquotada e congelada a -20°C.

Preparação da suspensão de células HEp2

Uma subcultura de células HEp-2 em meio de águia modificado de Dulbecco (DMEM) foi tripsinizada, depois de descartado o meio de cultura. Às células desagregadas no frasco foram adicionados 25 ml de DMEM com 10 % de FCS. As células foram suspensas no meio por passagem suave com a pipeta e as células foram homogeneizadas.

Semeadura de células

Foi adicionado 1mL da suspensão de células homogeneizadas a cada poço de uma placa de cultura de 96 poços e incubado a 37°C numa incubadora humidificada com 5% de $CO2$. Após 48 horas de incubação, as células foram observadas num microscópio invertido de cultura de tecidos. Com 80% de confluência de células, foi efectuado um ensaio citotóxico.

Ensaio de citotoxicidade

O ensaio é efectuado com brometo de 3-(4, 5-dimetiltiazol-2-il)-2, 5-difenil tetrazólio (MTT). O MTT é clivado pela succinato desidrogenase e redutase mitocondriais das células viáveis, dando origem a um produto púrpura mensurável formazan. Esta produção de formazan é diretamente proporcional ao número de células viáveis e inversamente proporcional ao grau de citotoxicidade.

Preparação de extractos de exopolissacáridos *de Phyllosticta sp.*

A viabilidade celular foi investigada utilizando o ensaio MTT [3-(4,5-dimetiltiazol-2-il)-2,5-difeniltetrazólio], na presença de extrato de polissacárido com várias concentrações (25, 50, 100, 200, 500 1000 e 2000 Lig/iiif) com dez réplicas por tratamento. Após 72 horas de incubação, foram adicionados 20 iif MTT (5 mg/mL) (Sigma) a cada poço, e as placas foram incubadas durante mais 4 horas a 37°C. Após a incubação, o meio de cultura foi removido por aspiração suave e substituído por 100 iif DMSO, para dissolver os cristais de formazan. A quantidade de produto formazan foi medida a 570 nm e 620 nm como fundo, utilizando um leitor de microplacas (Oasys UVM340).

Ensaio MTT

Após a incubação, o meio dos poços foi cuidadosamente eliminado. Cada poço foi lavado com DMEM sem FCS. Adicionaram-se a cada poço 100pl de solução de MTT (5mg/ml de PBS, pH 7,2). A placa foi incubada durante 4 horas a 37°C numa incubadora com 5% de CO2. Após a incubação, adicionou-se 100pl de DMSO a cada poço, misturou-se com uma pipeta e deixou-se durante 5 minutos à temperatura ambiente, pelo que se formou formazan de cor púrpura nos poços.

As suspensões foram lidas a 570 nm utilizando um leitor ELISA. A % de viabilidade celular foi calculada com as seguintes fórmulas:

Viabilidade celular (%)

$$Cell\ viability\ (\%) = \frac{A\ control - A\ treated}{A\ control} \times 100$$

O ensaio MTT mostrou uma atividade anti-proliferativa (IC50) das células HEp-2 a 250^g/ml de extrato de exopolissacáridos.

Análise de citometria de fluxo

A apoptose induzida pelo extrato de exopolissacarídeo de *phyllosticta sp.* nas células Hep2 foi determinada pela análise do conteúdo de ADN (sub-G1) por citometria de fluxo utilizando iodeto de propídio. Resumidamente, $1x10^6$células Hep 2/mL semeadas numa placa de 6 poços foram tratadas com extrato de exopolissacarídeo de *phyllosticta sp* (0,1 mg/mL). As células Hep-2 não tratadas serviram de controlo. A placa foi incubada durante 24 horas e, em seguida, as células foram aglomeradas por centrifugação a 10.000 rpm durante 10 minutos. As células foram lavadas uma vez com PBS. As células foram então fixadas com etanol a 70% durante 2 horas a -20°C e novamente lavadas com PBS. As células foram ressuspendidas em 300 цЬ de PBS contendo 0,5 mg/mL de RNA ase e 0,1mg/mL de PI e incubadas no escuro, a 37°C, durante 30 min. As células foram analisadas quanto ao conteúdo de ADN utilizando um classificador de células ativado por fluorescência (FACS Calibur System, BD Biosciences) equipado com o software Cell Quest (Becton Dickinson, EUA). A fluorescência PI foi recolhida através de um filtro FL-2 (585 nm).

4. RESULTADOS

Efeito de vários meios no crescimento e na produção de exopolissacarídeos por *Phyllosticta sp.*

A fim de selecionar um meio adequado para um crescimento ótimo, foram selecionados cinco meios sintéticos diferentes, tais como CDA, MEA, YEPD, SDA e meio Basal. O crescimento da *Phyllosticta sp.* foi observado nos meios acima mencionados durante 60 dias. Dos cinco meios testados, o meio basal suporta o crescimento máximo (1,97 g/L) (Fig. 1) e a produção de polissacárido extracelular (0,945g/L) (Fig. 2), seguido do YEPD (micélio 1.62g/L, polissacarídeo extracelular 0,778g/L), MEA (Mycelium 1,46 g/L, polissacarídeo extracelular 0,753g/L) e SDA (Mycelium 1,46 g/L, polissacarídeo extracelular 0,714g/L). O rendimento mais baixo foi observado no CDA, tanto para o crescimento micelial como para a produção de polissacáridos. A partir da observação acima, o meio basal foi considerado o melhor meio e foi escolhido para um estudo mais aprofundado.

Fig. 1 Efeito de diferentes meios na produção de biomassa por *Phyllosticta sp.*

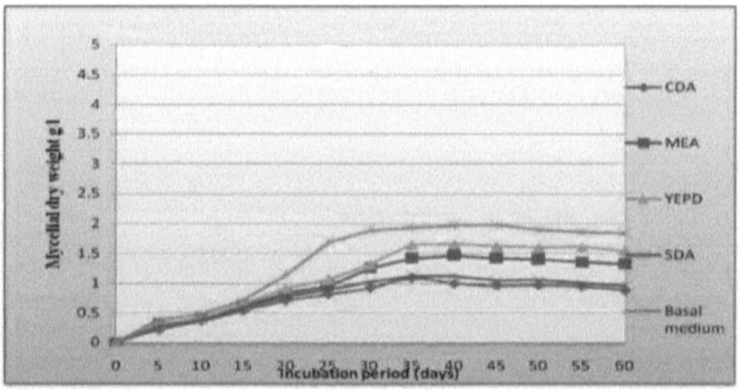

Fig. 2 Efeito de diferentes meios na produção de polissacáridos extracelulares por *Phyllosticta sp.*

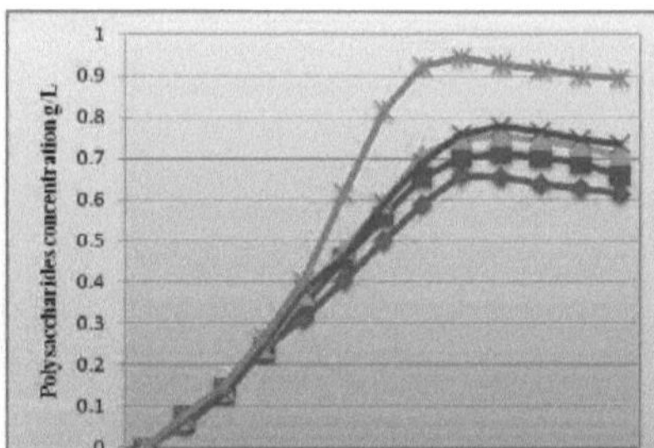

Efeito do tempo de fermentação no crescimento micelial e na produção de polissacáridos

As figuras 1 e 2 mostram a cinética do crescimento micelial e da acumulação de exopolissacáridos por *Phyllosticta sp.* nos cinco meios diferentes em condições estacionárias. Em todos os meios testados, o crescimento aumentou gradualmente a partir do dia 1 e atingiu o máximo no período de 35 a 40 dias e manteve-se numa fase estacionária até 50 dias, enquanto no caso do polissacárido extracelular atingiu o máximo no período de 40 a 45 dias. Após o 50.º dia, registou-se uma diminuição mínima da biomassa micelial e da produção de polissacáridos. A partir da observação acima, as optimizações adicionais foram realizadas incubando a cultura estática durante um período de 45 dias.

Efeito das fontes de carbono

Para examinar o efeito de diferentes fontes de carbono na produção de micélios e EPS, foram utilizadas várias fontes de carbono a uma concentração de 10% no meio basal em vez de glucose. Como se mostra nas Fig. 3 e 4, as concentrações máximas de biomassa e EPS foram (2,68g/L e 1,06g/L, respetivamente) com glucose como fonte de carbono. A seguir à glucose, as outras fontes de carbono como o manitol, a maltose e a sacarose também suportam um melhor crescimento (2,21, 1,89 e 1,79 g/L) e produção de polissacáridos (0,86, 0,78 e 0,67 g/L) por *Phyllosticta sp.* A frutose suporta uma quantidade moderada de crescimento e produção de polissacáridos. O menor crescimento e produção de polissacáridos foi observado em Xilose (0,91 e 0,37 g/L), Lactose (0,85 e 0,23 g/L) e arbinose (0,54 e 0,14 g/L), respetivamente. Outras experiências foram efectuadas em meio suplementado com glucose.

Fig. 3 Efeito de diferentes fontes de carbono no crescimento do peso seco micelial

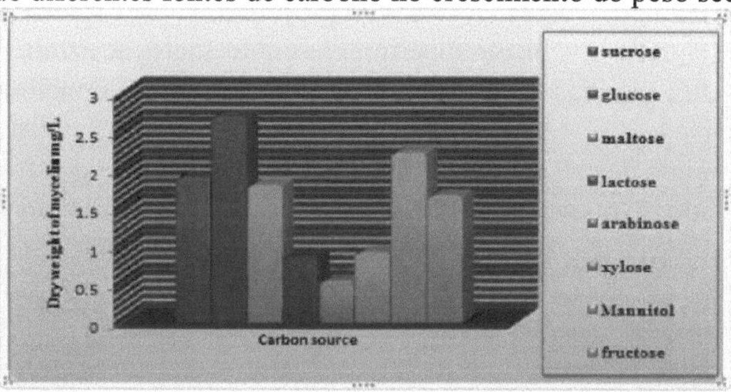

Fig. 4 Efeito de diferentes fontes de carbono na produção de polissacáridos por *Phyllosticta sp.*

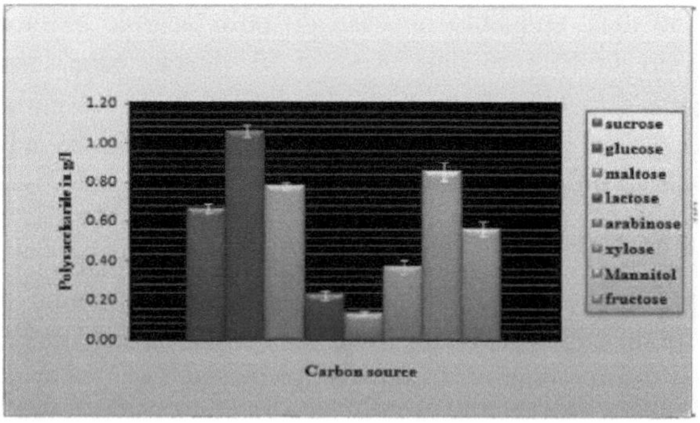

Efeito das fontes de azoto

O efeito da fonte de azoto no crescimento micelial e na produção de exopolissacarídeos foi investigado através do cultivo de fungos no meio basal, em vez de extrato de levedura, a uma concentração de 0,3% (p/v). Entre as oito diferentes fontes de azoto examinadas, o extrato de levedura foi o mais eficaz para aumentar o crescimento (2,61 g/L) e a produção de exopolissacarídeos (1,17 g/L) por *Phyllosticta sp.* (Fig. 5 e 6). A produção micelial e a produção de polissacáridos nos meios com peptona (2,08 e 0,93 g/L), malte (1,88 e 0,95 g/L) e extrato de carne de bovino (1,55 e 0,84 g/L) foram significativamente superiores às outras fontes de azoto. Entre as fontes de azoto inorgânico testadas, o nitrato de sódio foi considerado o melhor, mas suporta um nível muito baixo de crescimento (1,25 g/L) e de produção de polissacáridos (0,74 g/L). O nível mínimo de crescimento e de produção de polissacáridos foi observado no tartarato de amónio. Para obter a produção máxima de EPS, foi selecionado extrato de levedura como fonte de azoto médio para melhorar o crescimento e a produtividade de EPS (Fig. 5 e 6).

Fig. 5 Efeito de diferentes fontes de azoto no crescimento do peso seco micelial

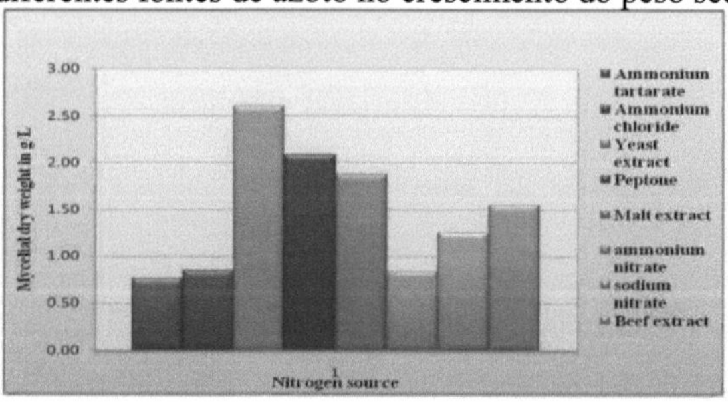

Fig. 6 Efeito das fontes de azoto na produção de polissacáridos por *Phyllosticta sp.*

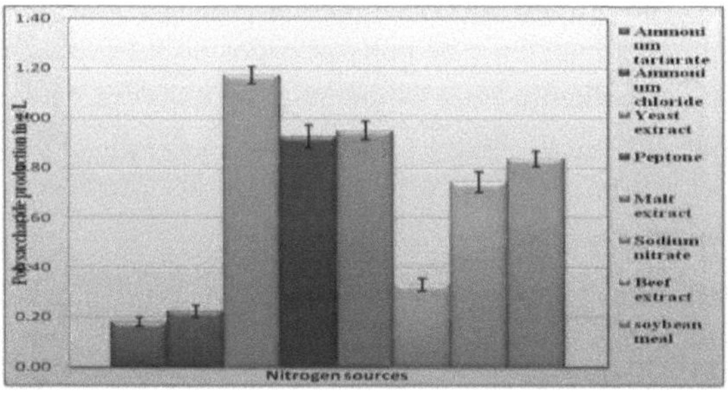

Efeito do pH inicial

O efeito de diferentes pH iniciais do meio foi obtido através do cultivo de *Phyllosticta sp.* no meio basal a diferentes valores de pH inicial (3,09,0) em culturas. Verificou-se que a produção de crescimento micelial e de polissacárido aumenta profundamente de pH 3,0 para 5,5 e atinge o máximo a pH 6,0, diminuindo depois gradualmente e atingindo o mínimo a pH 9,0 (Fig. 7). A produção mais elevada de biomassa micelial e de exopolissacáridos foi de 1,93 e 1,18 g/L, respetivamente. Estes resultados sugerem que a biomassa e a produção de EPS foram significativamente afectadas pelo pH inicial do meio. Por conseguinte, foi utilizado um pH inicial do meio de 6,0 para a fermentação na produção de biomassa e EPS em experiências posteriores.

Fig. 7 Efeito de diferentes pH na produção de polissacáridos e biomassa por *Phyllosticta sp.*

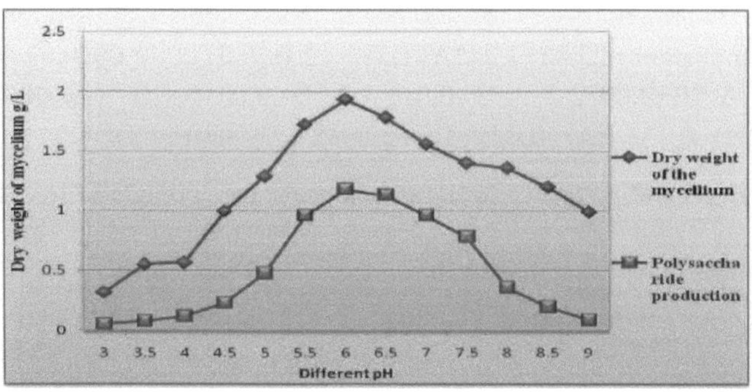

Efeito da temperatura

O efeito da temperatura da cultura no crescimento micelial e na produção de exopolissacáridos foi investigado através da incubação no meio basal a temperaturas entre 20 e 40 °C. Como indicado na Fig. 8, a temperatura óptima para o crescimento micelial e a produção de exopolissacáridos foi observada a 26 °C (2,18 g/L e 1,18 g/L). A produção de biomassa micelial e de polissacáridos no intervalo de temperaturas de 24 a 30 °C foi quase semelhante à sua temperatura óptima (Fig. 8). Fora desta gama de temperaturas, o crescimento do fungo e a produção de exopolissacáridos diminuíram drasticamente. Além disso, os estudos foram efectuados à temperatura de 26°C para obter o crescimento ótimo.

Fig. 8 Efeito de diferentes temperaturas na produção de polissacáridos e biomassa por *Phyllosticta sp.*

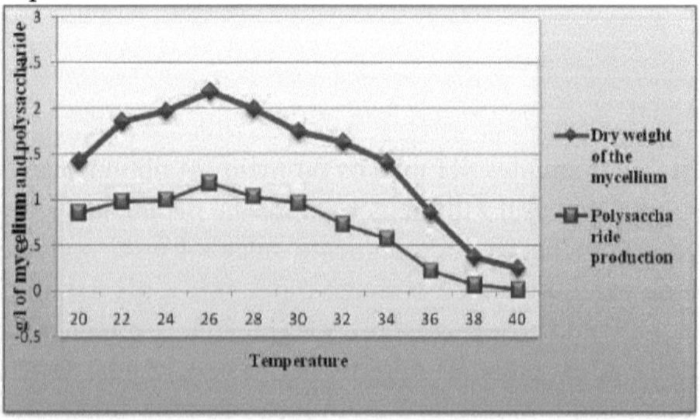

Otimização da produção micelial através da metodologia de superfície de resposta

A matriz do projeto e os resultados correspondentes das experiências RSM para determinar os efeitos das quatro variáveis independentes, incluindo o pH (A), a temperatura (B), a concentração de glucose (C) e a fonte de azoto (D), são apresentados no Quadro 1. Aplicando a análise de regressão múltipla aos dados experimentais apresentados no Quadro 2, a equação polinomial de segunda ordem para a produção de biomassa de micélio *Y* biomassa é derivada da seguinte forma

Y biomassa= -23.45+1.84*A+1.37 * B+0.071 * C+ 0.52 * D+0,0017 * A *B+0,0033 * A *C-0,011 * A*D- 0,0016 * B *C-0,0067 * B * D - 0,00073 * C*D -0,153 * A^2- 0,025* B^2 -0,00048 * C^2- 0,015 * D^2 -(2)

Tabela. 1 Nível e código das variáveis selecionadas para o modelo Box-Behnken

Variables	Symbols		Coded levels		
	Un coded	Coded	-1	0	1
pH		A	4.0	6.5	90
Temperature		B	22	30	37
Carbohydrate source (Sucrose)		C	0.25	1.12	2.00

Os valores previstos da produção de biomassa de micélio por *Phyllosticta sp.*

em fermentação submersa foram obtidos usando a equação acima, e mostrados na Tabela 2. A significância estatística do modelo de segunda ordem (Eq. (2)) foi verificada pelo *teste F* (ANOVA) e os dados são apresentados na Tabela 3.

Como se pode ver na Tabela 3, o valor da "probabilidade> F" é muito inferior a 0,0001, indicando que o modelo é altamente significativo. O valor F do modelo de 25,96 implica que o modelo é significativo. Existe apenas uma probabilidade de 0,01% de que um "Valor F do modelo" tão grande possa ocorrer devido a ruído. O valor de ajuste, *adj-R2* (coeficiente determinante ajustado), da previsão polinomial de segunda ordem (Eq. (2)) é 0,9258, indicando que a variabilidade de aproximadamente 92% para a produção de biomassa de micélio pode ser explicada pelo modelo ajustado. Os valores elevados do coeficiente de correlação *R* (0,9916) e do coeficiente determinante R2 (0,9629) mostram uma estreita concordância entre os resultados experimentais e os valores teóricos previstos pelo modelo polinomial. Os valores de "Prob> F" inferiores a 0,0500 indicam que os termos do modelo são significativos.

Tabela. 2 Matriz de desenho Box-Behnken juntamente com os valores experimentais e previstos do rendimento do polissacárido extracelular e da biomassa micelial

Variables	Symbols		Coded Levels		
	Un coded	Coded	-1	0	1
pH	X_1	A	4.0	6.5	9.0
Temperature	X_2	B	20.0	27.50	35.0
Carbon source	X_3	C	5.00	27.50	50.00
Nitrogen source	X_4	D	0.50	5.25	10.00

Tabela. 3 Análise de variância (ANOVA) para o modelo polinomial quadrático ajustado para otimização do rendimento da biomassa de micélio

Source	Sum of Squares	d.f.	Mean square	f-value	Probability (P>F)
Model	23.91	14	1.71	25.9	< 0.0001
Lack-of-fit	0.91	10	0.091	6	0.034
Pure error	0.014	4	0.00353	2.58	not significant
Corrected total	24.83	28			

R^2-0.9629 Adj R^2-0.9258

As estimativas dos coeficientes da Eq. (2), juntamente com os *valores P* correspondentes, são apresentadas no Quadro 4. Como se pode ver no Quadro 4, os coeficientes de regressão B, C, D, A^2, B^2, C^2, D^2 são significativos e úteis na Eq. (2) para um modelo hierárquico.

Tabela. 4 Resultados da análise de regressão de um modelo polinomial completo de segunda ordem para otimização do rendimento da biomassa de micélio

Model term	Coefficient estimate	S.E.	Sum of Squares	Mean square	f-value	Probability (P>F)
Intercept		0.11	23.91	1.71	25.96	<0.0001
A	3.25	0.074	0.22	0.22	3.32	0.0897
B	-0.14	0.074	2.26	2.26	34.39	<0.0001
C	-0.43	0.074	2.36	2.36	35.86	<0.0001
D	0.44	0.074	2.49	2.49	37.91	<0.0001
AB	0.46 0.033	0.13	4.225E-003	4.225E-003	0.064	0.8036
AC	0.19	0.13	0.14	0.14	2.14	0.1658
AD	-0.12	0.13	0.063	0.063	0.95	0.3462
BC	-0.27	0.13	0.28	0.28	4.27	0.0578
BD	-0.24	0.13	0.23	0.23	3.50	0.0823
CD	-0.078	0.13	0.024	0.024	0.37	0.5553
A^2	-0.96	0.10	5.93	5.93	90.08	<0.0001
B^2	-1.39	0.10	12.48	12.48	189.71	<0.0001
C^2	-0.24	0.10	0.38	0.38	5.83	0.0300
D^2	-0.34	0.10	0.75	0.75	11.37	0.0046

R^2-0.9549 Adj R^2-0.9099

A superfície de resposta ajustada para o rendimento da biomassa micelial pelo modelo empírico acima foi gerada usando o software Design Expert e é dada na Fig. 9a a f. O efeito da interação de pH e temperatura sobre o rendimento da biomassa micelial em conteúdo fixo de glicose e fonte de nitrogênio (ponto central) (Fig. 9 a). É evidente que o rendimento da biomassa do micélio aumentou significativamente com o aumento da temperatura até cerca de 26,0 ◦C, mas diminuiu para além disso, atingindo rendimentos máximos entre 25,0-27,0 ◦C. O pH também desempenha um papel importante no crescimento micelial. O crescimento micelial aumenta gradualmente a partir de pH 4,0 e atinge um máximo a pH 6,3 e diminui gradualmente quando se desloca para 9,0. O intervalo de pH de 5,5 a 7,2 foi o que suportou o crescimento máximo. O gráfico tridimensional e o gráfico de contorno correspondente para o rendimento da biomassa do micélio em função do pH e da glucose a temperatura constante e do extrato de levedura são apresentados na Fig. 9 c. A partir do gráfico, observou-se que o crescimento micelial de *Phyllosticta sp.* variou significativamente com a variação do teor de glucose.

O rendimento da biomassa do micélio aumentou com o aumento do teor de glucose, provavelmente devido à glucose necessária para a produção de polissacáridos. Foram observados resultados semelhantes com a combinação de pH & glucose (fig.9 c), extrato de levedura, pH (fig.9 d), temperatura & glucose (fig.9 e), temperatura & extrato de levedura (fig.9 f).

Fig. 9 Gráfico de superfície de resposta mostrando o efeito no crescimento micelial de *Phyllosticta* sp.

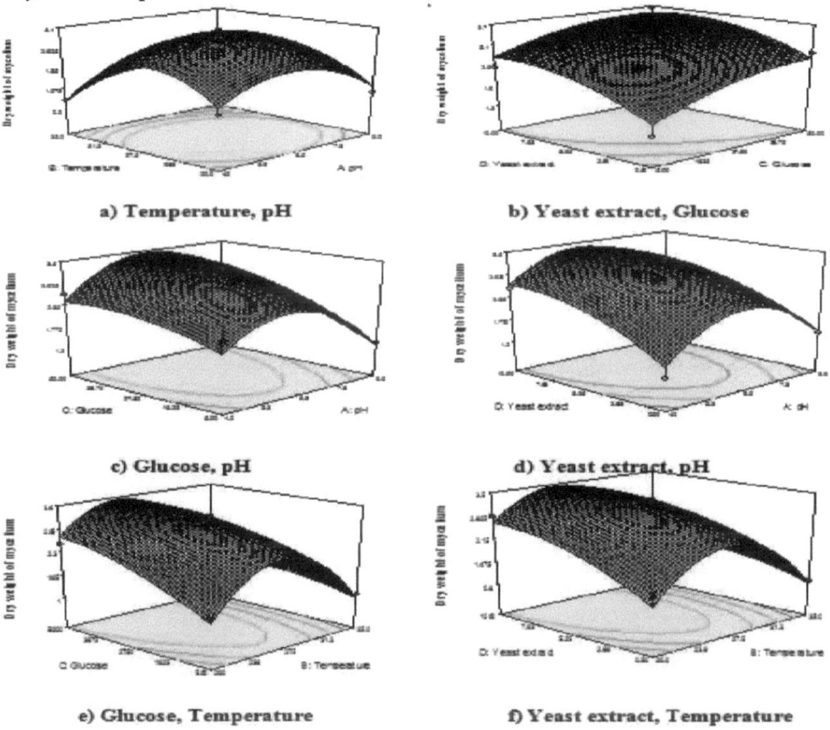

Ao resolver a matriz inversa (da Eq. (2)) usando o software Design Expert, os valores ótimos das variáveis de teste em unidades não codificadas foram pH 6,5 temperatura 25,6 ◦C, teor de glicose 46,55 g/L e extrato de levedura 8,60 ml. Nesta situação, foi obtida a quantidade máxima prevista de biomassa de micélio, 3,68 g/L de licor de fermentação, de *Phyllosticta sp.* em fermentação submersa.

Otimização da produção de polissacáridos extracelulares

O efeito das variáveis componentes nos polissacáridos *de Phyllosticta sp.* é apresentado. Ao analisar os efeitos das condições no rendimento dos polissacáridos, o rendimento alterou-se substancialmente com o pH, a temperatura, o teor de glucose e o extrato de levedura. Pode ver-se na Tabela 2 que houve uma variação considerável no rendimento de polissacáridos extracelulares, dependendo das condições de fermentação. A replicação nas condições do ponto central resultou num rendimento mais elevado de polissacárido extracelular do que noutros níveis. Aplicando métodos de análise de regressão múltipla, a resposta prevista *Y* para o rendimento do polissacárido extracelular pode ser obtida e dada como

YEps = -15.27756 +1.21981 * A + 0.88436 * B + 0.046813 * C + 0.26126 * D+0.00557333 * A * B + 0.00129778 *A *C - 0.00549474 * A *D - 0.000875556* B * C - 0.00204912 * B*D + 0.000318129 *C * D- 0.10907 * A^2-0.016697 * B^2-0.000366337 * C^2-0.011832* D^2 (3)

Onde *Y* Eps é a resposta prevista que é o rendimento do polissacarídeo extracelular (g/L) e *x1*, *x2*, *x* 3 e *x4* são os valores codificados das variáveis de teste, pH, temperatura de fermentação (◦C), teor de glicose (g/L) e fonte de nitrogênio (g/L), respetivamente. A significância estatística da Eq. (3) foi verificada pelo teste *F*, e a análise de variância (ANOVA) para o modelo quadrático de superfície de resposta está resumida na Tabela 5.

Tabela. 5 Análise de variância (ANOVA) para o modelo polinomial quadrático ajustado para a otimização do rendimento do polissacárido extracelular

Source	Sum of Squares	d. f.	Mean square	f-value	Probability (P>F)
Model	10.25	14	0.73	21.20	< 0.0001
Lack-of-fit	0.48	10	0.048	3.88	0. 16
Pure error	5.000E-003	4	1.250		not
Corrected total	10.73	28	E-003		significant

A ANOVA do modelo de regressão quadrática demonstra que o modelo é altamente significativo, como se depreende do *teste F* de Fisher com um valor de probabilidade muito baixo [(*P* modelo> F) = 0,0001]. A bondade do modelo pode ser verificada pelo coeficiente de determinação R^2 e pelos coeficientes de correlação múltipla *R*. O valor de *adj-*R^2 (0,9099) sugere que a variação total de 90% para o rendimento do polissacárido extracelular é atribuída às variáveis independentes e apenas cerca de 10% da variação total não pode ser explicada pelo modelo. Quanto mais próximos de 1 forem os valores de *R* (coeficiente de correlação múltipla), melhor será a correlação entre os valores experimentais e os valores previstos em . Neste caso, o valor de *R* (0,9933) indica uma boa concordância entre os valores experimentais e previstos do rendimento do polissacárido extracelular. O valor da falta de ajuste para a equação de regressão (3) não é significativo (P = 0,16), indicando que a equação do modelo era adequada para prever o rendimento do polissacárido extracelular em qualquer combinação de valores das variáveis.

As estimativas dos coeficientes da Eq. (3), juntamente com os correspondentes *valores de P,* são apresentadas no Quadro 6. Pode ver-se no Quadro. 6 que todos os coeficientes de regressão são significativos. A superfície de resposta 3D e os gráficos de contorno 2D são as representações gráficas da equação de regressão. Os gráficos são apresentados na Fig. 10 (a-f). Analisando os gráficos da Fig. 10 (a-e), os valores óptimos das condições de fermentação para obter um polissacárido extracelular aproximadamente máximo situam-se nos seguintes intervalos das variáveis testadas: pH 5,3- 6,9 Temperatura 24,0-28,0 ◦C; Teor de glucose 45-49 g/L e Teor de extrato de levedura 6,8-7,8 g/L.

Resolvendo a matriz inversa (da Eq. (2)), os valores ótimos das variáveis de teste em unidades não codificadas (naturais) foram pH 6,3, Temperatura 25,8 ◦C, Teor de glicose 49,10 g/L e Teor de extrato de levedura 8,04 g/L. Nessas condições, foi obtido o rendimento máximo previsto de polissacarídeo extracelular em fermentação submersa usando *Phyllosticta sp.*, que é de cerca de 2,1517 g/L de licor de fermentação, um pouco mais do que o obtido na análise de gráfico.

Tabela. 6 Resultados da análise de regressão de um modelo polinomial completo de segunda ordem para otimização do rendimento do polissacárido extracelular

Model term	Coefficient estimate	S.E	Sum of squares	Mean square	f-value	Probability (P>F)
Intercept	1.92	0.083	10.25	0.73	21.20	< 0.0001
A	-0.095	0.054	0.11	0.11	3.14	0.0981
B	-0.24	0.054	0.72	0.72	20.75	0.0004
C	0.29	0.054	0.98	0.98	28.34	0.0001
D	0.26	0.054	0.78	0.78	22.61	0.0003
AB	0.10	0.093	0.044	0.044	1.26	0.2797
AC	0.073	0.093	0.021	0.021	0.62	0.4452
AD	-0.065	0.093	0.017	0.017	0.49	0.4941
BC	-0.15	0.093	0.087	0.087	2.53	0.1342
BD	-0.073	0.093	0.021	0.021	0.62	0.4452
CD	0.034	0.093	4.624E-	4.624E-	0.13	0.7199
A^2	-0.68	0.073	003	003	87.27	< 0.0001
B^2	-0.94	0.073	3.01	3.01	165.66	< 0.0001
C^2	-0.19	0.073	5.72	5.72	6.46	0.0235
D^2	-0.27	0.073	0.22	0.22	13.38	0.0026
			0.46	0.46		

Fig. 10 Gráfico de superfície de resposta mostrando o efeito na produção de polissacáridos extracelulares de *Phyllosticta* sp

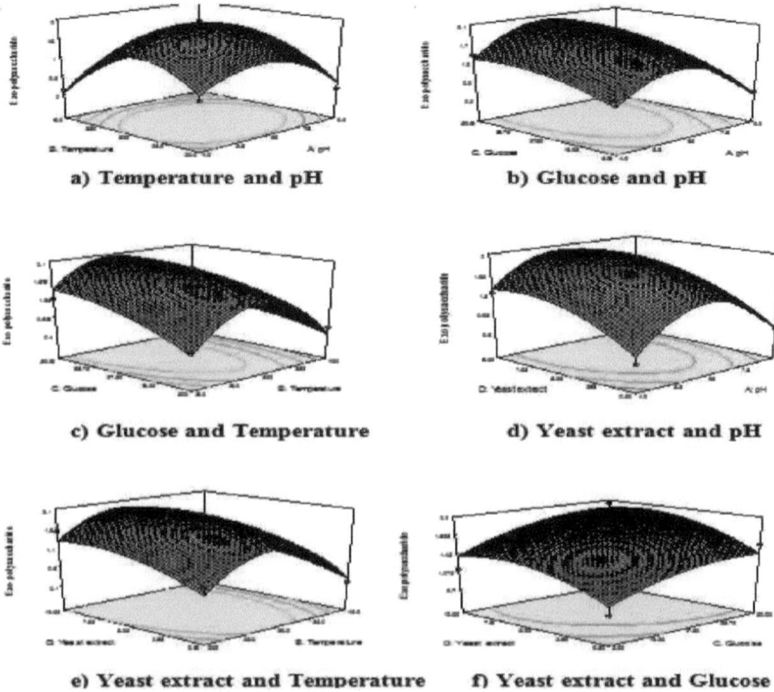

Validação dos modelos

Para garantir que o resultado previsto não era tendencioso em relação ao valor prático, foi efectuada uma nova verificação experimental utilizando as condições ideais. O conjunto de condições foi determinado como sendo ótimo pela abordagem de otimização RSM e foi também utilizado para validar experimentalmente e prever os valores das respostas utilizando a equação do modelo. Um valor médio de 3,74 ± 0,22 (N = 5) para o peso seco micelial e de 2,38 ± 0,15 (N = 5) para o polissacárido foi obtido a partir de experiências reais (Quadros 7 e 8), o que demonstrou a validação do modelo RSM, indicando que o modelo era adequado para o peso seco micelial e a produção de polissacárido.

Tabela. 7 Experiência de validação do modelo para a produção micelial

Optimum condition				The yield of Mycelial biomass (g /l)	
pH	Temperature (°C)	Carbon Source (g/l)	Nitrogen Source (g/l)	Experimental [a]	Predicted
6	25.6	46.55	8.60	3.74± 0.22	3.68

[a] Média± Desvio-padrão (N=5)

Tabela. 8 Experiência de validação do modelo para a produção de polissacáridos extracelulares

Optimum condition				The yield of Mycelial biomass (g /l^{-1})	
pH	Temperature (°C)	Carbon source (g/l)	Nitrogen source (g/l)	Experimental [a]	Predicted
6.3	25.8	49.10	8.04	2.38±0. 15	2.1517

[a] Média± Desvio-padrão (N=5)

CROMATOGRAFIA EM CAMADA FINA

O TLC do polissacarídeo hidrolisado mostrou que o polissacarídeo extracelular produzido por *Phyllosticta sp.* era uma unidade de sacarídeo monopólico, estando a determinação da caraterização estrutural do polissacarídeo em curso (Fig. 11).

Fig. 11 Análise TLC dos exopolissacáridos de *Phyllosticta* sp.

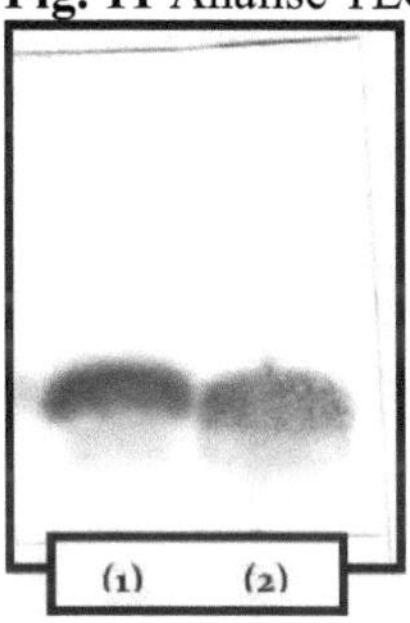

ENSAIO DE CITOTOXICIDADE

Os resultados da atividade anticancerígena na linha celular Hep2 são mostrados na (Fig-12 & 13) O extrato mostrou uma potente atividade citotóxica contra a linha celular de cancro da laringe Hep2. A concentração do extrato de exopolissacarídeo mostrou uma inibição máxima de 1000 цд/mL e 2000 цд/mL. O extrato de exopolissacarídeo mostrou um valor ic50 de 250 ^g/mL. As alterações morfológicas das células tratadas com o medicamento foram examinadas com um microscópio invertido e comparadas com as células que serviram de controlo. Estas observações podem dever-se à presença de compostos biológicos activos (Fig. 14). Por conseguinte, o presente estudo foi realizado para identificar este exopolissacárido como uma fonte de agente anticancerígeno.

Fig. 12 Atividade anticancerígena dos exopolissacáridos contra as células Hep2

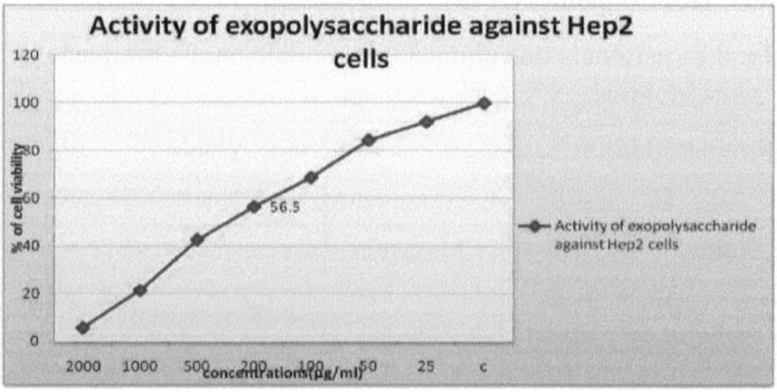

Fig. 13 Ensaio MTT para o exopolissacárido contra a linha celular Hep2

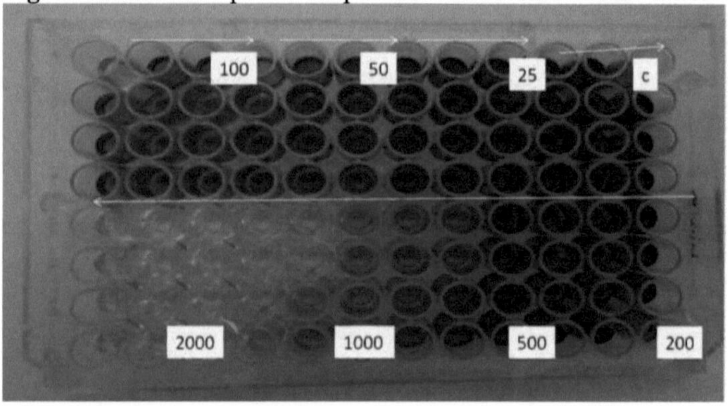

Fig. 14 Efeito citotóxico do exopolissacárido contra células Hep2

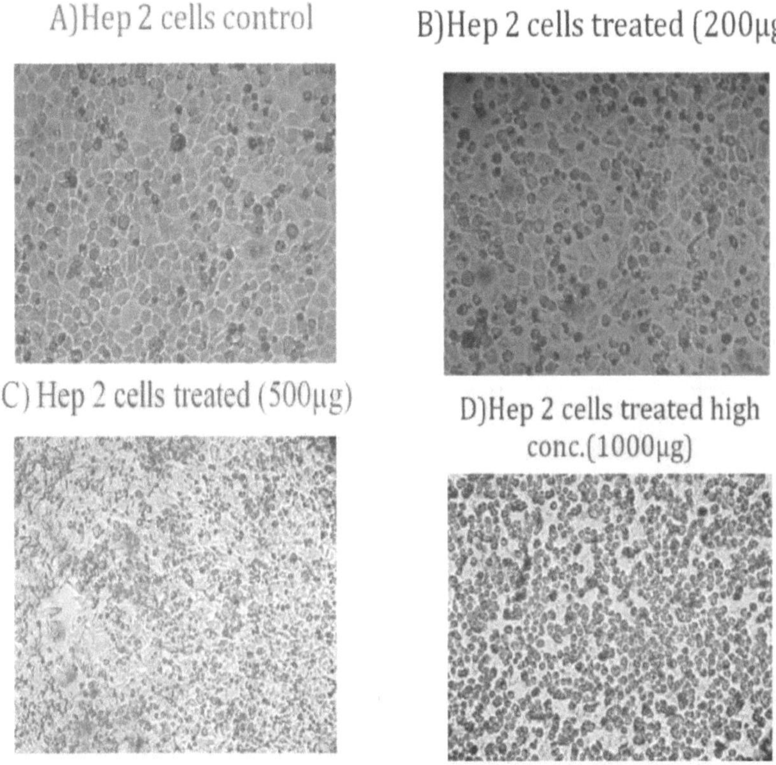

A apoptose, a morte celular geneticamente programada, está relacionada com a regulação do desenvolvimento e da homeostasia. Pensa-se que os defeitos neste tipo de processo de morte celular desempenham um papel central no desenvolvimento e na progressão de alguns cancros. Um medicamento anticancerígeno bem sucedido deve matar ou destruir as células cancerígenas sem causar danos excessivos às células normais. Esta situação é possível através da indução da apoptose nas células cancerosas e é considerada, até à data, como uma modalidade de tratamento ideal para o cancro. Para confirmar se o efeito antiproliferativo do extrato de exopolissacarídeo está diretamente relacionado com a indução da apoptose, foram realizados no futuro diferentes tipos de estudos do ADN genómico celular.

MORTE APOPTÓTICA DE CÉLULAS DA LINHA DE CÂNCER LARÍNEO Hep2 ATRAVÉS DE EXTRATO DE EXOPOLICARIDA

A medição do conteúdo de ADN celular por citometria de fluxo após coloração com o corante fluorescente iodeto de propídio foi realizada para confirmar e quantificar a percentagem de células apoptóticas após incubação com o extrato bruto de exopolissacarídeo , porque o crescimento e a inibição das células são ambos fortemente regulados pelo controlo do ciclo celular, pelo que o possível efeito inibidor do extrato de exopolissacarídeo na distribuição do ciclo celular nas linhas celulares Hep 2. As linhas celulares tratadas com extrato de exopolissacárido resultaram num elevado número de células na fase apoptótica ou M1. Este aumento foi associado a uma diminuição da percentagem de células na fase S. Foi observada uma acumulação significativa de células apoptóticas na fase sub-Go-G1 (22,64%) nas células tratadas com exopolissacáridos *de Phyllosticta* (Fig.15a), ao passo que no controlo (6,25%) Fig.15b. Uma população sub-Go-G1, normalmente associada a células apoptóticas, apareceu em comparação com o controlo.

Fig. 15 Análise do ciclo celular por citómetro de fluxo de células Hep2 tratadas com exopolissacárido

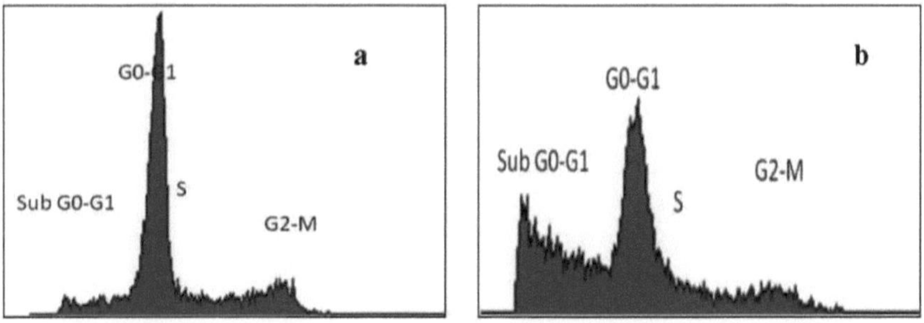

5. DISCUSSÃO

As necessidades nutricionais dos fungos desempenham um papel importante durante a síntese de produtos do metabolismo em processos de fermentação, incluindo exopolissacarídeos em muitos tipos de fungos filamentosos. No presente estudo, o papel de diferentes meios, tempo de fermentação, pH, temperatura, fontes de carbono e azoto foi optimizado para o crescimento micelial e a produção de exopolissacarídeos por *Phyllosticta sp* em processo de cultura submersa.

Efeito de vários meios no crescimento e na produção de polissacáridos extracelulares por *Phyllostic sp.*

O meio de crescimento desempenha um papel importante no metabolismo, crescimento e produção de metabolitos secundários. A partir dos resultados acima referidos, chegou-se a uma conclusão crítica de que a produção de exo-polissacáridos e a cinética de crescimento micelial dos fungos variam muito em função do seu estado nutricional. O crescimento micelial e a produção de polissacáridos dependem principalmente da complexidade do meio. Observações semelhantes foram efectuadas por S.W.kim et al., 2002 em *Ganoderma lucidum* e *Phellinus linteus.* Entre os diferentes meios examinados, foi atingido um nível relativamente elevado de crescimento e de polissacáridos no meio Basal. C.H dong e Y.J.Yao, 2005 relataram que o meio basal era o melhor meio para a produção de polissacarídeo e que o polissacarídeo do meio pode ser facilmente extraído e pode ser usado para vários fins. Resultados semelhantes foram observados em *G. lucidum* (Sone et al. 1985). Não se registaram alterações morfológicas notáveis no micélio entre os diferentes meios de cultura (Tseng et al. 1984; Sone et al. 1985).

Efeito do tempo de fermentação no crescimento micelial e na produção de polissacáridos

Como o *Phyllosticta sp.* é um dos fungos de crescimento lento, o crescimento máximo dos micélios e a produção de polissacáridos foram observados 40 a 45 dias após a incubação. Os resultados experimentais mostraram uma relação direta entre o tempo de fermentação e o crescimento e a produção de exopolissacarídeos por *Phyllosticta sp*, o que estava de acordo com os resultados relatados por outros investigadores (Park et al. 2001). O perfil de produção de polissacarídeos em relação ao tempo de fermentação foi consistente com o do crescimento micelial para *Phyllosticta sp*, o que é comum na cinética de fermentação de fungos, tendo sido relatados resultados semelhantes para *C. pruinosa, G. lucidum e Phellinus lintus*. Durante todo o período de fermentação, as alterações no crescimento dos micélios e na produção de polissacáridos apresentaram curvas temporais semelhantes. Ambas diminuíram acentuadamente na fase de crescimento retardado e antes da metafase de crescimento exponencial, aumentando e flutuando ligeiramente até ao fim da fermentação. Os resultados foram semelhantes aos perfis cinéticos da fermentação de exopolissacáridos em *C. jiangxiensis*.

Efeito do pH inicial

O pH inicial do caldo de fermentação, que pode afetar a membrana celular dos fungos função, morfologia e estrutura celular e a utilização de vários requisitos nutricionais, é um parâmetro importante para o crescimento micelial e a produção de polissacáridos em fungos de cultura submersa. Os estudos mostraram que os resultados são comparáveis com os de estudos anteriores efectuados por Yang et al. (2003) para o crescimento micelial e por Shu e Lung (2004) para a produção de exopolissacáridos. Do mesmo modo, outros trabalhadores referiram um pH ótimo de 5,5 para outros fungos sintetizadores de exopolissacáridos, como *Pleurotus pulmonarius* (Nour El-Dein et al., 2004). Para além disso, também foi referido que muitos tipos de ascomicetes e basidiomicetes apresentam um pH ótimo mais ácido durante a cultura submersa (Yang e Liau, 1998a, b; Lee et al., 1999; Yang et al., 2000a,b; Park et al., 2001). Todos estes resultados levam a concluir que existe uma relação entre o grau de produção de exopolissacáridos e de crescimento e o valor do pH inicial.

Efeito da temperatura

A temperatura da cultura é um dos parâmetros mais importantes que influenciam a produção de polissacáridos. Vários autores referiram que a temperatura óptima de cultura em culturas em frascos para a produção de biomassa e EPS é frequentemente semelhante (Kim et al. 2002; Lin e Sung 2006). As condições óptimas de crescimento micelial e de produção de polissacáridos de *Phyllosticta sp.* a 26^0 C foram comparáveis às observações do crescimento micelial de *Paecilomyces tenuipes* (Xu et al., 2003) e da produção de exopolissacáridos por *Cordyceps jiangxiensis* (Xiao et al., 2004). Além disso, estas gamas de temperatura são comparáveis às de muitos tipos de cogumelos que apresentam temperaturas óptimas relativamente baixas, variando entre 20 e 25 °C nas suas culturas submersas (Bae et al., 2000; Park et al., 2001). Também se verificou uma observação semelhante nas culturas submersas de alguns outros cogumelos, como *Tremella fuciformis* (Cho et al. 2006), *Laetiporus sulphureus* (Hwang et al. e *Phellinus linteus* (Hwang et al. 2003), indicando que as temperaturas óptimas de cultura para a produção de biomassa e EPS eram as mesmas.

Efeito das fontes de carbono

Os hidratos de carbono são as principais fontes de carbono e energia celular e um requisito nutricional importante para o crescimento e desenvolvimento dos fungos superiores. A utilização de fontes de carbono varia entre espécies de fungos, mesmo que a mesma espécie de fungo também necessite de fontes de carbono diferentes para a produção de metabolitos específicos. Por exemplo, durante os processos de cultura submersa de *Cordyceps militaris*, a glucose era uma fonte de carbono mais adequada do que a sacarose para a produção de cordicepina e, no entanto, foi obtido um elevado nível de produção de exopolissacáridos num meio que continha sacarose. Assim, a seleção da fonte de carbono é importante para a otimização da fermentação. Neste estudo, a glucose foi utilizada como a fonte de carbono mais adequada para a produção de biomassa e EPS. No entanto, as fontes de carbono para a produção de biomassa e de EPS são frequentemente semelhantes. Pokhrel e Ohga (2007) referiram que a glucose era a melhor fonte de carbono para a produção de micélios e EPS por *Lyophyllum decastes* em culturas submersas. Foi relatado que, durante a fermentação de fungos superiores, um meio com uma única fonte de carbono aumentou a produção simultânea de micélios e polissacáridos. Os resultados da otimização obtidos com várias fontes de carbono estavam de acordo com os resultados relatados por outros investigadores, que demonstraram que a glucose é claramente uma boa fonte de carbono para a produção de exopolissacáridos em culturas submersas de cogumelos (Xu et al., 2003; Nour El-Dein et al., 2004). A glucose estimulou a maior biomassa micelial (2,69 g/l) em *Phyllosticta sp.* Todas estas fontes de carbono, no entanto, resultaram em rendimentos específicos de produtos significativamente mais baixos, em relação aos do frasco de controlo, que não tinha um suplemento de fonte de carbono. Nesta investigação, chegámos à conclusão de que o perfil da produção de exopolissacarídeos em relação à fonte de carbono não era, em geral, consistente com o do crescimento micelial de *Phyllosticta sp.* Resultados semelhantes foram frequentemente observados na cinética de fermentação de outros fungos superiores (Kim et al., 2002a). Para outras experiências, escolhemos o meio suplementado com glucose para ser o meio de crescimento.

Estes resultados não estão de acordo com as necessidades nutricionais de outros cogumelos em culturas submersas. Bae et al. (2000) observaram um elevado nível de crescimento micelial de *P. japonica* em meios contendo maltose em culturas submersas. Jonathan e Fasidi (2001) relataram que o maior crescimento micelial de *Psathyerella atroumbonata* foi obtido no meio de glucose.

Efeito das fontes de azoto

As fontes de azoto nas culturas de fungos fornecem principalmente azoto incorporado na massa celular sob a forma de proteínas e ácidos nucleicos. Os nossos resultados indicaram que os extractos de levedura são as melhores fontes de azoto e podem estimular grandemente a produção de biomassa e de EPS. Estes resultados coincidem com os de outros investigadores que utilizam *L. decastes* em culturas submersas (Pokhrel e Ohga 2007). Vários investigadores referiram que as fontes de azoto orgânico eram mais eficazes do que as inorgânicas para a produção de biomassa e EPS por cogumelos em culturas submersas (Kim et al. 2003; Yang et al. 2003; Cho et al. 2006). Nós também fizemos uma observação semelhante. Foram observados resultados semelhantes em *P. pulmonarius* (Nour El-Dein et al., 2004). A produção máxima de produto específico que obtivemos foi de 1,17 g/l na cultura suplementada com extrato de levedura, seguida, por ordem, das culturas com extrato de malte (0,95 g/l) e peptona (0,93 g/l). Estes resultados sugerem que certos aminoácidos essenciais não podem ser sintetizados a partir de fontes de azoto inorgânico pelas células em cultura de *Phyllosticta sp.*

Otimização da produção micelial através da metodologia de superfície de resposta

É sabido que a técnica de otimização convencional, por exemplo, o método de um fator de cada vez, não só é fastidiosa e morosa, como também induz em erro na interpretação dos resultados, especialmente no que se refere às interações entre diferentes factores que não consegue detetar. A metodologia da superfície de resposta é uma técnica estatística eficiente para a otimização de múltiplas variáveis, a fim de prever as melhores condições com um número mínimo de experiências. Em comparação com o desenho ortogonal e a análise de variância, o desenho Box-Behnken, um dos desenhos da metodologia da superfície de resposta, permite calcular a resposta a níveis intermédios que não foram estudados experimentalmente. No presente estudo, foi utilizado um desenho Box-Behnken de quatro níveis e as condições óptimas foram determinadas através de um número mínimo de experiências, em comparação com outros desenhos. A forte concordância entre o rendimento previsto pelo modelo quadrático final e os resultados experimentais e a análise da variância do modelo polinomial de segunda ordem e o valor para a falta de ajuste indicam que a precisão e a capacidade geral do modelo polinomial são muito boas. A análise das tendências de resposta utilizando o modelo é considerada razoável. A RSM desempenha um papel fundamental na identificação eficaz dos valores óptimos das variáveis independentes, sob os quais a variável dependente pode obter a resposta máxima. Os valores P são utilizados como uma ferramenta para verificar a importância de cada coeficiente, que também indica a força de interação entre cada variável independente. Quanto mais pequenos forem os valores P, maior é a importância do coeficiente correspondente (Liu et al., 2003). Nesta otimização RSM, os valores P do modelo indicam que o modelo foi significativo, com um teste F de um valor de probabilidade muito baixo $(P > F) < 0,0001$. A bondade do modelo foi indicada pelo coeficiente de determinação (R2) e pelo coeficiente de correlação múltipla (R). O valor de R2 (0,9629) para o crescimento micelial e R2 (0,9549) para a produção de polissacáridos aproxima-se de 1, o que indica uma melhor correlação entre os valores experimentais e previstos. O "Pred R-Squared" estava em concordância razoável com o "Adj R-Squared". A precisão adequada foi utilizada para medir a razão entre o sinal e o ruído, que geralmente se deseja que seja superior a 4. No presente estudo, o valor desta razão sugeriu que o modelo polinomial quadrático tinha um sinal adequado e podia ser utilizado para navegar no espaço de conceção. No gráfico de contorno 3D do peso seco dos micélios e do polissacárido, a elipse mais pequena do diagrama de contorno foi confinada. Os contornos elípticos são obtidos quando existe uma interação perfeita entre as variáveis independentes (Muralidhar, Chirumamil, Marchant, & Nigam, 2001). Uma vez que a forma do gráfico de contorno, circular ou elíptico, indica se as interações mútuas entre as variáveis são significativas ou não. Um gráfico de contorno circular indica que as interações entre as variáveis correspondentes são negligenciáveis. Uma natureza elíptica dos gráficos de contorno indica que as interações entre as variáveis correspondentes são significativas. O gráfico de superfície 3D e a projeção 2D podem mostrar visualmente a resposta numa região de níveis de factores interessantes, a relação entre a resposta e os níveis experimentais de cada variável e o tipo de interações entre as variáveis de ensaio, a fim de reduzir as condições óptimas (Fig. 10 a-c). O "valor F de falta de ajuste" indica que a falta de ajuste é significativa. A representação gráfica fornece um método para visualizar a relação entre a resposta e os níveis experimentais de cada variável e o tipo de interações entre as variáveis de teste, a fim de deduzir as condições óptimas. Estas técnicas foram amplamente adoptadas para otimizar os processos de enzimas e péptidos, solventes, polissacáridos, etc.

Compreender e desvendar os mecanismos da apoptose induzida por fármacos anticancerígenos é de primordial importância não só para a conceção de intervenções terapêuticas eficazes e o desenvolvimento de novas estratégias terapêuticas contra o cancro, mas também para a monitorização das respostas do cancro aos fármacos quimioterapêuticos. Isto permite uma melhor compreensão e uma utilização racional dos fármacos quimioterapêuticos especificamente para um determinado tipo de tumor. Na resposta celular ao stress genotóxico provocado por vários agentes quimioterapêuticos anticancerígenos, o ponto de controlo do ciclo celular e a apoptose são considerados dois dos principais eventos biológicos na manutenção da estabilidade genómica. O mecanismo da apoptose induzida por fármacos quimioterapêuticos ainda não foi claramente compreendido em células tumorais HPV-positivas de alto risco. A indução da apoptose nas células HEp-2 e KB deve-se à diminuição da expressão de Bcl-2, ao passo que a sobreexpressão de Bcl-2 inverte a citotoxicidade destes fármacos. Por conseguinte, os nossos resultados actuais sugerem que a regulação negativa do proto-oncogene Bcl-2 pode ser um dos mecanismos envolvidos no ADN.

Apoptose induzida por danos

Os polissacarídeos pertencem a uma classe estruturalmente diversa de macromoléculas, polímeros de resíduos de monossacarídeos unidos uns aos outros por ligações glicosídicas. É de salientar que, em comparação com outros biopolímeros, como as proteínas e os ácidos nucleicos, os polissacáridos oferecem a maior capacidade de transporte de informação biológica, uma vez que possuem o maior potencial de variabilidade estrutural. Os nucleótidos dos ácidos nucleicos e os aminoácidos das proteínas só podem interligar-se de uma forma, ao passo que as unidades monossacáridas dos polissacáridos podem interligar-se em vários pontos, formando uma grande variedade de estruturas ramificadas ou lineares (Sharon e Lis 1993). Esta enorme variabilidade potencial na estrutura dos polissacáridos confere a flexibilidade necessária aos mecanismos reguladores precisos de várias interações célula-célula em organismos superiores. Os polissacáridos dos cogumelos apresentam-se principalmente como glucanos com diferentes tipos de ligações glicosídicas, tais como (1^3), (W6)-e-glucanos e (1^-3)-a-glucanos, mas alguns são verdadeiros heteroglicanos. Os outros ligam-se principalmente a resíduos de proteínas como complexos PSP (PSPC; Gorin e Barreto-Berger 1983).

A principal fonte de polissacáridos antitumorais parece ser a parede celular dos fungos, que é constituída por polissacáridos. Para além dos bem conhecidos e-(1^3)-glucanos antitumorais, foi descrita uma vasta gama de glucanos biologicamente activos com outras estruturas. Estes polissacáridos têm moléculas lineares ou ramificadas numa espinha dorsal composta por unidades de glucose ligadas a a- ou в, e contêm cadeias laterais que estão ligadas de diferentes formas. As cadeias laterais dos heteroglucanos contêm ácido glucurónico, xilose, galactose, manose, arabinose ou ribose como componente principal ou em diferentes combinações.

Os glicanos, em geral, são polissacáridos que contêm unidades que não a glucose na sua estrutura. São classificados como galactanos, fucanos, xilanos e mananos pelos componentes individuais de açúcar na espinha dorsal. As cadeias laterais dos heteroglicanos contêm arabinose, manose, fucose, galactose, xilose, ácido glucurónico e glucose como componente principal ou em diferentes combinações.

Acreditava-se geralmente que a atividade antitumoral do polissacárido era uma consequência da estimulação da resposta imunitária mediada por células (Ooi & Liu, 2000). Por exemplo, foram encontradas actividades imunoestimuladoras nos polissacáridos de Panax ginseng, Ganoderma lucidum, Coriolus versicolor, etc., o que sugere que os efeitos imunoestimuladores podem ser o principal mecanismo para as actividades antitumorais dos polissacáridos (Cao & Lin, 2004; Ho, Konerding, Gaumann, Groth, & Liu, 2004; Shin et al., 2002). Mas alguns polissacáridos, como os polissacáridos de Phellinus linteus (Li et al., 2004) e Cordyceps sinensis (Chen, Shiao, Lee, & Wang, 1997), podem inibir diretamente a proliferação de células cancerosas in vitro. Neste estudo, investigámos as actividades antitumorais do HPS-1 contra dois tipos de linhas celulares de cancro sólido humano, MGC-803 e HEP-G2 in vitro. As Figs. 5 e 6 mostram os efeitos do polissacárido no crescimento das células HeP-G2 e MGC-803. Em concentrações de 50 a 400 Lig/ml, o HPS-1 inibiu significativamente a proliferação de células HeP-G2 ($P < 0,05$) e os efeitos foram dependentes da concentração. Na concentração mais elevada de 400 g/ml, o HPS-1 teve o rácio de inibição de 40,0%. No entanto, o HPS-1 também teve uma atividade supressora significativa nas células MGC-803 ($P <0,05$), não houve uma relação clara entre as concentrações e os efeitos. O rácio de inibição mais elevado nas células MGC-803 foi de 13,2% entre quatro dosagens, o que foi muito inferior ao rácio (34,3%) nas células HEP-G2 à mesma concentração (200 g/mL). Do exposto, o HPS-1 apresentou uma atividade antitumoral significativa, especialmente em células HeP-G2 humanas. Assim, a atividade anticancerígena do presente estudo na linha de células Hep2 é mostrada na (Fig-11) O extrato mostrou uma atividade citotóxica potente contra a linha de células de cancro da laringe Hep2. A concentração do extrato de exopolissacarídeo mostrou uma inibição máxima de 1000 iig/mL e 2000 iig/mL. O extrato de exopolissacarídeo apresentou um valor Ic50 de 250 iig/mL. As alterações morfológicas das células tratadas com o medicamento foram examinadas com um microscópio invertido e comparadas com as células que serviram de controlo. Estas observações podem dever-se à presença de compostos biológicos activos. Por conseguinte, o presente estudo foi realizado para identificar este exopolissacárido como uma fonte de agente anticancerígeno.

Um dos princípios mais importantes a emergir é que a perda do controlo do crescimento das células cancerosas está mecanicamente associada a uma maior tendência para sofrer a morte celular programada, ou apoptose. Assim, o crescimento do cancro é um equilíbrio entre o nascimento e a morte das células. O equilíbrio é mantido não só pelo estado genético da célula cancerosa, mas também pelas interações com as células hospedeiras e os componentes da matriz extracelular no ambiente tumoral.

Foram realizados extensos estudos in vivo que demonstram a atividade anticancerígena dos polissacáridos glucanos extraídos e purificados e dos péptidos polissacáridos em modelos animais (Wasser & Weis, 1999; Mocanu et al., 2009). Há também cada vez mais provas experimentais de que a incorporação regular de certos cogumelos medicinais em pó nas dietas dos animais ou a aplicação tópica de extractos podem ter um efeito de prevenção do cancro e restringir as metástases tumorais (Ikekawa 2001; Vinod et al., 2009). Um inquérito realizado entre os trabalhadores do sector dos cogumelos na Prefeitura de Nagano em Japão implicou que a ingestão regular de cogumelos medicinais estava associada a uma taxa de mortalidade por cancro muito mais baixa do que a de outras pessoas na Prefeitura (Ikekawa, 2001). São apresentadas as actividades antitumorais dos polissacáridos *de T. fuciformis*. Verificou-se que as actividades antitumorais dos polissacáridos *de T. fuciformis* aumentaram de 73,4% para 92,1% com o aumento da concentração de polissacáridos. No entanto, as actividades antitumorais dos polissacáridos de T. fuciformis deixaram de aumentar quando a concentração de polissacáridos continuou a aumentar.

6. RESUMO

- A cultura do fungo Coelomycetus *Phyllosticta sp.* foi recolhida no nosso laboratório.
- A produção de polissacáridos extracelulares de *Phyllosticta sp.* utilizando diferentes meios. Os crescimentos da *Phyllosticta sp.* foram observados nos meios acima mencionados durante 60 dias. Dos cinco meios testados, o meio basal suporta o crescimento máximo (1,97 g/L) e o polissacárido extracelular. O rendimento mais baixo foi observado no CDA, tanto para o crescimento micelial como para a produção de polissacáridos.
- O efeito de diferentes fontes de carbono para a produção de peso seco micelial e produção de polissacarídeo de *Phyllosticta sp.*, as concentrações máximas para biomassa e EPS foram (2,68g/L e 1,06g/L, respetivamente) com glicose como fonte de carbono, o menor crescimento e produção de polissacarídeo foi observado em arbinose (0,54 e 0,14g/L), respetivamente.
- Entre as oito diferentes fontes de azoto examinadas, o extrato de levedura foi o mais eficaz para aumentar o crescimento (2,61 g/L) e a produção de exo-polissacáridos (1,17 g/L) por *Phyllosticta sp.* O nível mínimo de crescimento e de produção de polissacáridos foi observado no tartarato de amónio.
- O efeito de diferentes pH na produção de peso seco micelial e na produção de polissacáridos de *Phyllosticta sp.,* A biomassa micelial mais elevada e a produção de exopolissacáridos foram de 1,93 g/L e 1,18 g/L, respetivamente. Estes resultados sugerem que a biomassa e a produção de EPS foram significativamente afectadas pelo pH inicial do meio. Por conseguinte, foi utilizado um pH inicial do meio de 6,0 para a fermentação na produção de biomassa e EPS em experiências posteriores.
- O efeito de diferentes temperaturas na produção de peso seco micelial e na produção de polissacáridos de *Phyllosticta sp.* A temperatura óptima para o crescimento micelial e a produção de exopolissacáridos foi observada a 26 °C (2,18 g/L e 1,18 g/L). A produção da biomassa micelial e do polissacárido a uma temperatura entre 24° e 30 °C foi considerada quase semelhante à sua temperatura óptima. Além disso, os estudos foram efectuados à temperatura de 26°C para obter o crescimento ótimo.
- Para otimizar a produção de peso seco micelial e a produção de polissacáridos através da Metodologia de Superfície de Resposta, a matriz de conceção e os resultados correspondentes das experiências RSM para determinar os efeitos das quatro variáveis independentes, incluindo pH, temperatura, concentração de glucose e fonte de azoto.
- A superfície de resposta ajustada para o rendimento da biomassa micelial pelo modelo empírico acima foi gerada usando o software Design Expert, o efeito da

interação do pH e da temperatura no rendimento da biomassa micelial com teor fixo de glicose e fonte de nitrogênio (ponto central). É evidente que o rendimento da biomassa do micélio aumentou significativamente com o aumento da temperatura até cerca de 26,0 ◦C, mas diminuiu além disso, atingindo rendimentos máximos entre 25,0-27,0 ◦C. O pH também desempenha um papel importante no crescimento micelial. O crescimento micelial aumenta gradualmente a partir de pH 4,0 e atinge um máximo a pH 6,3 e diminui gradualmente quando se desloca para 9,0. A faixa de pH de 5,5 a 7,2 foi a que suportou o crescimento máximo.

- Ao resolver a matriz inversa usando o software Design Expert, os valores ótimos das variáveis de teste em unidades não codificadas foram pH 6,5 temperatura 25,6 ◦C, teor de glicose 46,55g/L e extrato de levedura 8,60 mL. Nesta situação, foi obtida a quantidade máxima prevista de biomassa de micélio, 3,68 g/L de licor de fermentação, de *Phyllosticta sp* em fermentação submersa.
- Cromatografia de camada fina, tendo o composto a mesma mobilidade cromatográfica que os monossacáridos padrão.
- Estudar a atividade anticancerígena dos exopolissacáridos contra as linhas celulares Hep2.
- Estudar a atividade anticancerígena dos exopolissacáridos através do ensaio MTT. O ensaio MTT mostrou uma atividade anti-proliferativa (IC50) das células HEp-2 a 250^g/ml de polissacáridos brutos.
- Para estudar a análise do ciclo celular, foi observada uma acumulação significativa de células apoptóticas na fase sub-G1-Go (22,64%) nas células tratadas com exopolissacáridos de Phyllosticta, em comparação com o controlo (6,25%). Uma população sub-G1, normalmente associada a células apoptóticas, apareceu em comparação com os controlos.

Referências

Bae et al., 2000 J.T. Bae, J. Sinha, J.P. Park, C.H. Song e J.W. Yun, Otimização das condições de cultura submersa para a produção de exo-biopolímeros por Paecilomyces japonica, J. Microbiol. Biotechnol. **10** (2000), pp. 482-487.

Bae, J. T., J. Sinha, J. P. Park, C. H. Song e J. W. Yun. 2000. Otimização das condições submersas para a produção de exo-biopolímeros por Paecilomyces japonica. J. Microbiol. Biotechnol., 10: 482-487.

Box e Wilson, 1951 G.E.P. Box e K.B. Wilson, On the experimental attainment of optimum conditions, Journal of the Royal Statistical Society. Série A (Geral) **13** (1951), pp. 145.

Box, G.E.P., Hunter, W.G. e Hunter, J.S., (1978). Statistics for Experimenters. (John Wiley & Sons, Inc), pp. 510-539.

C.H. Dong, Y.J. Yao, Requisitos nutricionais do crescimento de micélios de Cordyceps sinensis em cultura submersa, J. Appl. Microbiol. 99 (2005) 483-492.

Chakraborty, I., S. Mondal, M. Pramanik, D. Rout e S. S. Islam. 2004. Investigação estrutural de um glucano solúvel em água de um cogumelo comestível, Astraeus hygrometricus. Carbohydrate Research, 339: 2249-2254.

Chardonnet, C. O., C. E. Sams e W. S. Conway. 1999. Calcium effect on the mycelial cell walls of Botrytis cinerea (Efeito do cálcio nas paredes celulares miceliais de Botrytis cinerea). Phytochemistry, 52: 967-973.

Chen Bin. 2010. Otimização da extração de polissacáridos de Tremella fuciformis e das suas actividades antioxidantes e anti-tumorais in vitro Carbohydrate Polymers, 81: 420-424.

Cho, E.J., J.Y. Oh, H.Y. Chang e J.W. Yun, 2006. Produção de exopolissacáridos por cultura submersa de micélios de um cogumelo Tremella fuciformis. J. Biotechnol, 127: 129140.

Dean, A.M. e Voss, D.T., (1999). Design and Analysis of Experiments (Conceção e Análise de Experiências). (Springer-Verlag, Inc, Nova Iorque), pp. 547-558.

Dubois, M., K. A. Gilles, J. K. Hamilton, P. A. Roberts e F. Smith. 1956. Método colorimétrico para a determinação de açúcares e substâncias afins. Anal. Chem, 28: 350-356.

Eun Jae Cho, Jung Young Oh, Hyun You Chang e Jong Won Yun. 2006. Produção de exopolissacáridos por cultura micelial submersa de um cogumelo Tremella fuciformis. Journal of Biotechnology, 127: 129-140.

Fang, Q. H. e J. J. Zhong. 2002. Efeito do pH inicial na produção de ácido ganodérico e polissacárido por fermentação submersa de Ganoderma lucidum. Process Biochemistry, 37: 769-774.

Giovanni, 1983 M. Giovanni, Response surface methodology and product optimization, Food Technology **37** (1983), pp. 41-45.

Huang and Liu, 2007 H.C. Huang and Y.C. Liu, Acceleration of Mycelia Growth by Adding Grifola umbellata Broth Concentrate in Soild-State and Submerged Cultures, Biochem. Eng. J. **37** (2007), p. 139.

Hwang et al., 2003 H.J. Hwang, S.W. Kin, J.W. Choi e J.W. Yun, Produção e caraterização de exopolissacáridos a partir de cultura submersa de Phellinus linteus KCTC 6190, Enzyme and Microbial Technology **33** (2003), pp. 309-319.

Hwang et al., 2003 H.J. Hwang, S.W. Kin, J.W. Choi e J.W. Yun, Produção e caraterização de exopolissacarídeos a partir de cultura submersa de Phellinus linteus KCTC 6190, Enzyme and Microbial Technology **33** (2003), pp. 309-319.

Hwang, H. J., S. W. Kim, C. P. Xu, J. W. Choi e J. W. Yun. 2004. Propriedades morfológicas e reológicas das três espécies diferentes de basidiomicetos Phellinus em culturas submersas. Journal of Applied Microbiology, 96: 1296-1305.

J.P. Park, Y.M. Kim e S.W. Kim, Effect of aeration rate on the mycelial morphology and exobiopolymer production in Cordysepsis militaris, Process Biochem. **37** (2002), pp. 12571262.

J.W. Bok, L. Lermer, J. Chilton, H.G. Klingeman e G.H.N. Towers, Antitumor sterols from the mycelia of Cordyceps sinensis, Phytochemistry **51** (1999), pp. 891-898.

J.Z.Liu, L.P.Weng, Q.L.Zhang, H.Xu, L.N.Ji, Otimização da produção de glucose oxidase por Aspergillus niger num bioreactor de bancada utilizando RSM, World J.Microbiol.Biotechnol. 19 (2003) 317-323.

Jing-en Li, Shao-ping Nie, Chao Yang, Zeng-hui Qiu, Ming-yong Xie.2011. Otimização da extração, caraterização e bioatividade de polissacarídeos brutos de Herba Moslae. Carbohydrate Polymers, 83: 1201-1206.

Jonathan, S.G. and Fasidi, I.O. (2001) Effect of carbon, nitrogen and mineral sources on growth of Psathyerella atroumbonata (Pegler), a Nigerian edible mushroom. Food Chemistry 22, 479-483.

K.J. Rao, C.H. Kim e S.K. Rhee, Otimização estatística do meio para a produção de hirudina recombinante a partir de Saccharomyces cerevisiae utilizando a metodologia de superfície de resposta, Process Biochem. **35** (2000), pp. 639-647.

Kanazawa M, Mori Y, Ypshihara K, Iwadate M, Suzuki S et al. Effect of PSK on the maturation of dendritic cells derived from human peripheral blood monocytes. Immunol Lett. 2004 15: 229-38.

Kim et al., 2002a S.W. Kim, H.J. Hwang, J.P. Park, Y.J. Cho, C.H. Song e J.W. Yun, Mycelial growth and exo-biopolymer production by submerged culture of various edible mushrooms under different media, Letters in Applied Microbiology **34** (2002), pp. 56-61.

Kim, S. W., H. J. Hwang, C. P. Xu, J. M. Sung, J. W. Choi e J. W. Yun. 2003. Otimização do processo de cultura submersa para a produção de biomassa micelial e exopolissacáridos por Cordyceps militaris C738. Journal of Applied Microbiology, 94: 120126.

Kim, S.W., Hwang, H.J., Park, J.P., Cho, Y.J., Song, C.H. e Yun, J.W. (2002) Crescimento micelial e produção de exo-biopolímeros por cultura submersa de vários cogumelos comestíveis em diferentes meios. Letters in Applied Microbiology 34, 56-61.

Kim, S.W., Hwang, H.J., Park, J.P., Cho, Y.J., Song, C.H. e Yun, J.W. (2002b) Crescimento micelial e cultura de produção de exo-biopolímeros de vários cogumelos comestíveis em diferentes meios. Letters in Applied Microbiology 34, 56-61.

Kim, S.W., Hwang, H.J., Park, J.P., Cho, Y.J., Song, C.H. e Yun, J.W. (2002) Crescimento micelial e produção de exo-biopolímeros por cultura submersa de vários cogumelos comestíveis em diferentes meios. Letters in Applied Microbiology 34, 56-61.

Krosl, G. e Korbelik, M., 1994, Potenciação da terapia fotodinâmica pela imunoterapia: o efeito do esquizofilano (SPG). Cancer Letters, 84: 43-49.

Kubala, L., Ruzickova, J., Nickova, K., Sandula, J., Ciz, M. andLojek, A., 2003, The effect of (H-3)-

0__-glucans, carboxymethylglucan and schizophyllan on human leukocytes in vitro. Carbohydrate Research, 338: 2835-2840.

Lee et al., 1999 K.M. Lee, S.Y. Lee e H.Y. Lee, Bistage control of pH for improving exopolysaccharide production from mycelia of Ganoderma lucidum in an air-lift fermentor, J. Biosci. Bioeng. **99** (1999), pp. 646-650.

Lin e Sung, 2006 E.S. Lin e S.C. Sung, Cultivating conditions influence exopolysaccharide production by the edible Basidiomycete Antrodia cinnamonea in submerged culture, International Journal of Food Microbiology **108** (2006), pp. 182-187.

Lin e Sung, 2006 E.S. Lin e S.C. Sung, Cultivating conditions influence exopolysaccharide production by the edible Basidiomycete Antrodia cinnamonea in submerged culture, International Journal of Food Microbiology **108** (2006), pp. 182-187.

Mao et al., 2005 X.B. Mao, T. Eksriwong, S. Chauvatcharin e J.J. Zhong, Otimização da fonte de carbono e da relação carbono/nitrogénio para a produção de cordicepina através do cultivo submerso do cogumelo medicinal Cordyceps militaris, Proc. Biochem. **40** (2005), pp. 1667-1672.

Matsunaga T, Kishi N, Tanaka H, Watanabe K, Yoshimura H, Yamamoto I (1998) Principal enzima do citocromo P450 responsável pela oxidação de álcoois secundários nas cetonas correspondentes em microssomas hepáticos de rato: Oxidação do 7-hidroxi-A8-tetra-hidrocanabinol em 7-oxo-A8-tetra-hidrocanabinoL Drug Metab Dispos 26:10451047.

Min Zhanga, Haixia Chenc, Jin Huangb, Zhong Lid, Caiping Zhub, Shenghua Zhangb. 2005. Efeito do polissacárido de lycium barbarum nas células QGY7703 do hepatoma humano: Inibição da proliferação e indução de apoptose. Ciências da Vida, 76 :2115-2124.

Muralidhar et al., 2001 R.V. Muralidhar, R.R. Chirumamil, R. Marchant e P. Nigam, A response surface approach for the comparison of lipase production by Candida cylindracea using two different carbon sources, Biochemical Engineering Journal **9** (2001), pp. 17-23.

Muthukumar, M., Mohan, D. e Rajendran, M., 2003, Otimização das proporções de mistura de agregados minerais utilizando o desenho de experiências Box-Behnken. Cement and Concrete Composites, 25: 751-758.

Nour El-Dein et al., 2004 M.M. Nour El-Dein, A.A. El-Fallal, A.T. El-Shahat e F.E. Hereher, Exopolysaccharides production by Pleurotus pulmonarius: Factores que afectam a formação e as suas estruturas, Pakistan Journal of Biological Science **7** (2004), pp. 1078-1084.

Oscar, S.C., Gerardo, S.C., Josë, L.P.H., Mariano, G.R. e Ernesto, F.T., 1999, Efeito da composição do substrato no crescimento micelial de Pleurotus ostreatus: uma análise por mistura e metodologias de superfície de resposta. Bioquímica de Processos, 35: 127-133.

Park et al., 2001 J.P. Park, S.W. Kim, H.J. Hwang e J.W. Yun, Otimização das condições de cultura submersa para o crescimento micelial e a produção de exo-biopolímeros por Cordyceps militaris, Lett. Appl. Microbiol. **33** (2001), pp. 76-81.

Park et al., 2001 J.P. Park, S.W. Kim, H.J. Hwang e J.W. Yun, Otimização das condições de cultura submersa para o crescimento micelial e a produção de exo-biopolímeros por Cordyceps militaris, Lett. Appl. Microbiol. **33** (2001), pp. 76-81.

Pokhrel C.P. e Ohga S. 2007. Condições de cultura submersa para o rendimento micelial e a produção de polissacáridos por Lyophyllum decastes. Food. Chem. 105: 641-646. Pokhrel C.P. e Ohga S. 2007. Condições de cultura submersa para o rendimento micelial e a produção de polissacáridos por Lyophyllum decastes. Food. Chem. 105: 641-646.

Qiu, L.X. e Chen, L.M., 1999, Aplicação do modelo de regressão de segunda ordem na otimização de técnicas de farmácia. Chinese Journal of Health Statistics, 16: 52-53.

Schepetkin, I.A., Quinn, M.T., 2006. Polissacáridos botânicos: macrófagos imunomodulação e potencial terapêutico. International Immunopharmacology 6, 317333.

Seviour, R. J., S. J. Stasinopoulos, D. P. F. Auer e P. A. Gibbs. 1992. Production of pullulan and other exopolysaccharides by filamentous fungi. Critical Reviews in Biotechnology,12: 279-298.

Shao-Ping Nie, Ming-Yong Xie. 2011. Uma revisão sobre o isolamento e a estrutura dos polissacáridos do chá e as suas bioactividades. Food Hydrocolloids, 25 :144-149.

Sharon, N. (1993) Lectin-carbohydrate complexes of plants and animals: an atomic view. *Trends Biochem. Sci.,* 18, 221-226.

Shu e Lung, 2004 C.H. Shu e M.Y. Lung, Efeito do pH na produção e distribuição do peso molecular do exopolissacárido por Antrodia camphorata em culturas descontínuas, Process Biochem. **39** (2004), pp. 931-937.

Siu-Lung Chan, John H.K. Yeung. 2006. Efeitos do péptido polissacárido (PSP) de Coriolus versicolor na farmacocinética da ciclofosfamida no rato e na citotoxicidade em células HepG2. Food and Chemical Toxicology ,44 :689-694.

Sone, Y., Okuda, R., Wada, N., Kishida, E. e Misaki, A. (1985) Estrutura e actividades antitumorais do polissacárido isolado do corpo de frutificação e da cultura em crescimento do micélio de Ganoderma lucidum. Química Agrícola e Biológica 49, 2641-2653.

Sun e Liu, 2009a Y.X. Sun e J.C. Liu, Purificação, estrutura e atividade imunobiológica de um polissacárido solúvel em água do corpo de frutificação de *Pleurotus ostreatus*, *Bioresource Technology* **100** (2009), pp. 983-986.

Sun e Liu, 2009b Y.X. Sun e J.C. Liu, Caracterização estrutural de um polissacárido solúvel em água das raízes de Codonopsis pilosula e da sua atividade imunitária, International Journal of Biological Macromolecules **43** (2009), pp. 279-282.

Sun et al., 2008 Y.X. Sun, S.S. Wang, T.B. Li, X. Li, L.L. Jiao e L.P. Zhang, Purificação, estrutura e atividade imunobiológica de um novo polissacárido solúvel em água do micélio de Polyporus albicans (Imaz.) Teng, Bioresource Technology **99** (2008), pp. 900-904.

Sutherland, I. W. 1996. Polissacáridos extracelulares. Pp. 615-657. In: Biotecnologia, Vol. 6. Eds. H. J. Rhem e G. Reed. VCH, Weinheim.

Tabata, K., Itoh, W., Kojima, T., Kawabate, S. e Misaki, K. (1981) Degradação ultra-sónica de schizophyllan, um polissacárido antitumoral produzido por Schizophyllum commune FRIES. Carbohydrate Research 89, 121-135.

Takashi Mizuno. Desenvolvimento de polissacáridos antitumorais a partir de fungos de cogumelos.

Tong et al., 2009 H.B. Tong, F.G. Xia, K. Feng, G.R. Sun, X.X. Gao e L.W. Sun et al., Caracterização estrutural e atividade antitumoral in vitro de um novo polissacárido isolado dos corpos de frutificação de Pleurotus ostreatus, Bioresource Technology **100** (2009), pp. 1682-1686.

Tseng, T.S., Shiao, M.S., Shieh, Y.S. e Hao, Y.Y. (1984) Estudo sobre Ganoderma lucidum 1. Cultura líquida e composição química do micélio. Botanical Bulletin of Academia 25, 149±157.

V. Pujari e T.S. Chandra, Otimização estatística dos componentes do meio para aumentar a produção de riboflavina por um mutante UV de Eremothecium ashbyii, Process Biochem. **36** (2000), pp.

31-37.

Wang e Lu, 2005 Y.X. Wang e Z.X. Lu, Otimização dos parâmetros de processamento para o crescimento micelial e a produção de polissacáridos extracelulares por Boletus spp. ACCC50328, Proc. Biochem. **40** (2005), pp. 1043-1051.

Waseem Raza, Kousar Makeen, Yang Wang, Yangchun Xu, Shen Qirong. 2011. Otimização, purificação, caraterização e atividade antioxidante de um polissacárido extracelular produzido por Paenibacillus polymyxa SQR-21. Bioresource Technology, xxx:xxx-xxx.

Xiao et al., 2004 J.H. Xiao, D.X. Chen, J.W. Liu, Z.L. Liu, W.H. Wan, N. Fang, Y. Xiao, Y. Qi e Z.Q. Liang, Otimização dos requisitos de cultura submersa para a produção de crescimento micelial e exopolissacarídeo por Cordyceps jiangxiensis JXPJ 0109, J. Appl. Microbiol. **96** (2004), pp. 1105-1116.

Xiao-Zhong Hua, Ying Xua, De-Cong Hu, Yang Hui, Fang-Xing Yang. 2007. Indução de apoptose em células de hepatoma humano Hep G2 de éter difenílico decabromado (PBDE- 209). Toxicology Letters, 171:19-28.

Xu et al., 2003 C.P. Xu, S.W. Kim, H.J. Hwang, J.W. Choi e J.W. Yun, Otimização das condições de cultura submersa para o crescimento micelial e a produção de exopolímero por Paecilomyces tenuipes C240, Process Biochem. **38** (2003), pp. 1025-1030.

Xu, C. P. e J. W. Yun. 2003. Otimização das condições de cultura submersa para o crescimento micelial e produção de exo-biopolímeros por Auricularia polytricha (fungo das orelhas de madeira) utilizando os métodos de conceção uniforme e análise de regressão. Biotecnologia e Bioquímica Aplicada, 38: 193-199.

Xu, C. P., S. W. Kim, H. J. Hwang, J. W. Choi e J. W. Yun. 2003. Otimização das condições de cultura submersa para o crescimento micelial e a produção de exo-biopolímeros por Paecilomyces tenuipes C240. Process Biochemistry, 38: 1025-1030.

Y.J. Tang e J.J. Zhong, Role of oxygen supply in submerged fermentation of Ganoderma lucidum for production of Ganoderma polysaccharide and ganoderic acid, Enzyme Microb Technol **34** (2003), pp. 478-484.

Y.X. Wang e Z.X. Lu, Otimização estatística de meios para polissacáridos extracelulares por Pholiota squarrosa (Pers. ex Fr.) Quel. AS 5.245 em cultivo submerso, Biochem. Eng. J. **20** (2004), pp. 39-47.

Yang e Liau, 1998a F.C. Yang e C.B. Liau, The influence of environmental conditions on polysaccharide formation by Ganoderma lucidum in submerged cultures, Process Biochem. **33** (1998), pp. 547-553.

Yang e Liau, 1998b F.C. Yang e C.B. Liau, Effect of cultivating conditions on the mycelial growth of Ganoderma lucidum in submerged-flask cultures, Bioprocess Eng. **19** (1998), pp. 233-236.

Yang et al., 2000a B.K. Yang, J.Y. Ha, S.C. Jeong, S. Das, J.W. Yun, Y.S. Lee, J.W. Choi e C.H. Song, Production of exo-polymers by submerged mycelial culture of Cordyceps militaris and its hypolipidemic effect, J. Microbiol. Biotechnol. **10** (2000), pp. 784-788.

Yang et al., 2000b F.C. Yang, Y.F. Ke e S.S. Kuo, Effect of fatty acids on the mycelial growth and polysaccharides formation by Ganoderma lucidum in shake-flask cultures, Enzyme Microb. Technol. **27** (2000), pp. 295-301.

Yang XL, Otero FJ, Skene RJ, McRee DE, Schimmel P, Ribas de Pouplana L (2003) Crystal structures that suggest late development of genetic code components for differentiating aromatic side chains. *Proc Natl Acad Sci USA* **100**: 15376-15380.

Yang XL, Otero FJ, Skene RJ, McRee DE, Schimmel P, Ribas de Pouplana L (2003) Crystal structures that suggest late development of genetic code components for differentiating aromatic side chains. *Proc Natl Acad Sci USA* **100**: 15376-15380.

Yang, F. C. e C. B. Liau. 1998. A influência das condições ambientais na formação de polissacáridos por Ganoderma lucidum em culturas submersas. Process Biochemistry, 33: 547553.

Zheng, R., Jie, S., Hanchuan, D. e Moucheng, W., 2005, Caracterização e actividades imunomoduladoras do polissacárido de Lentinus edodes. International Immunopharmacology, 5: 811-820.

More Books!

yes

I want morebooks!

Buy your books fast and straightforward online - at one of world's fastest growing online book stores! Environmentally sound due to Print-on-Demand technologies.

Buy your books online at
www.morebooks.shop

Compre os seus livros mais rápido e diretamente na internet, em uma das livrarias on-line com o maior crescimento no mundo! Produção que protege o meio ambiente através das tecnologias de impressão sob demanda.

Compre os seus livros on-line em
www.morebooks.shop

info@omniscriptum.com
www.omniscriptum.com

OMNIScriptum

MIX
Papier aus verantwortungsvollen Quellen
Paper from responsible sources
FSC® C105338

Printed by Books on Demand GmbH, Norderstedt / Germany